# 松下電器、中国大陸新潮流に挑む

アジア経済ジャーナリスト
白水和憲 著
*Kazunori Shirouzu*

水曜社

目次

注：文中は例外を除き敬称を略させていただきました。

序章

# 海外が成長のエンジン――松下の将来を左右する中国事業

## 松下グループ改革の総仕上げ

「よっしゃ、抜いたかっ！」

2003年7月、松下電器の時価総額がソニーを上回った。報告を聞いた少徳敬雄副社長は吠えた。1999年6月以来、時価総額でソニーの後塵を拝していただけに少徳もつい小躍り気味に叫んだのである。2003年7月25日の終値での時価総額は松下電器3兆4833億円、一方のソニーは3兆4383億円というもので、松下電器にとってこの逆転は4年1か月ぶりのものとなった。

その2か月後の2003年9月の中間決算では、営業利益率でも同様の逆転が起こった。松下電器の売上高営業利益率は2・2％、一方のソニーは1・5％にとどまり、その結果、松下電器が9期ぶりにソニーを上回ったのである。

ソニーの収益悪化はゲーム事業の落ち込みと世界的ヒット商品「トリニトロン」にこだわりすぎて液晶・プラズマへの転換が遅れたTV事業の不振だ。これに対して松下電器はDVDレコーダー「DIGA」やプラズマTV「VIERA」など「V商品」（成長を牽引する商品）が利益に貢献した。

ことあるごとにソニーと比較されてきた松下電器の一番気がかりなことは、売上高も、営業利益率も、株式時価総額も、何もかも数年来ソニーの風下に立ってきたことだった。それが売上高を除いて久方ぶりに抜き返した。

海外事業を統括する少徳は「売上高なんてそんなに重要ではありません。ポイントは営業利益率です。ここをしっかりやらな、あきません。そうすれば必然的に株価も上がるんですよ」と言い、「その推進役は海外事業です。海外事業を利益の60%以上を稼ぐ『成長のエンジン』としたい」と力を込める。

そう言っている間にも着々と水面下で進行していた大型案件があった。松下電工の子会社化である。2003年12月19日、松下電器は兄弟会社の関係にある松下電工を連結子会社とすると発表、2004年3月には出資比率を51%に引き上げた。2002年の松下通信工業、松下精工、松下寿電子工業、九州松下電器、松下電送システムの完全子会社化に続くもので、松下グループの経営改革の総仕上げの段階に入ったことは明らかだ。

連結売上高も8兆6000億円を超え、「売上高は気にしない」とした少徳副社長の発言とは裏腹に、ソニーを上回るだけでなく、日立製作所までも抜き去ることになり、日本国内の電機メーカーでは一番手に躍り出る。

## 上海のPDP、一気に4倍へ

2003年12月、中国・上海に中村邦夫社長、少徳敬雄副社長、伊勢富一中国・北東アジア本部長が集まった。松下電器が上海でPDP(プラズマ・ディスプレイ・パネル)を生産している上海松下プラズマディスプレイ有限公司（中国名は上海松下等離子顕示器有限公司、英文略称＝ＳＭＰＤ）の開工典礼（開所式）に出席するためである。社長の中村、海外事業を統括する少徳、中国事業の総責任者の伊勢という3人が揃い踏みしたわけだ。

暖冬とはいえ、上海の12月はけっこう寒く、浦東新区にあるＳＭＰＤではこれから執り行われる開所式に向けて緊張感が漲《みなぎ》っていた。

それもそのはずで、この日を境に、ＳＭＰＤではＰＤＰ生産量を一気に4倍へと引き上げる発表を行うからだ。開所式に先立ち、行われた記者会見でも、

「パネルの生産台数を従来の月産５０００台から月産2万台に拡大し、２００５年には中国で年間30万台を販売、中国での市場シェア40％を目指す」

と軽快な口調で宣言した。

松下電器がＰＤＰ生産を行っているのは大阪茨木工場（松下プラズマディスプレイ社）を除けば上海のＳＭＰＤだけである。これを見ても、上海がいかに重要な拠点であるかがわかる。

実を言えば、開所式はもっと早く行うはずだった。ところが、5月に松下電器の中国進出第一号であり、中国事業の象徴とも言える北京・松下彩色顕像管有限公司（ＢＭＣＣ）で運悪くＳＡＲＳ（重症急性呼吸器症候群）患者が出た。ＳＡＲＳ患者の出たＢＭＣＣだけでなく松下電器全体が上を下への大騒ぎとなった。こんな状態では開所式なんか開催できるわけがない。

結局、半年遅れの開所式となった。ＰＤＰの需要が日増しに拡大する中で、ＳＭＰＤの増産計画も着々と進み、「さぁ、これから世界に向けてアピールを」という矢先に、せっかくのお披露目が出鼻をくじかれた恰好となった。

しかし、生産を一気に4倍に引き上げるというマスコミ的にはインパクトのある計画を発表するということで何とか松下の中国事業を印象づける効果はあったようだ。

## 『躍進21』でも海外事業に力点

2004年の新年、松下電器は意気軒昂に迎えたかと思いきや、意外に地味なスタートを切った。

1月9日、松下電器は衛星回線を使い大阪から国内217会場、海外8か国12会場に対し2004年度の経営方針と『躍進21』と名付けられた中期計画（2004～2006年）を発表した。川上常務と2人で臨んだ大阪会場で中村社長は、

「ようやく水上に潜望鏡を出したものの、船体はまだ水面下にある」

と謙虚に断じ、いつものような愛嬌のあるとぼけた味は微塵も感じられない。

これを補足説明すると、「窮地は脱したが、危機はまだ続いている」という意味だ。実は、ソニーの営業利益率を抜いたと言っても、前中期計画（2001～2003年）『創生21』では5％の営業利益率を目標に掲げていたことを考えると、中間決算の営業利益率2・2％は決して良い数字ではない。世評、あれだけ「DVDは松下の一人勝ちだ」、「松下はPDPで勝ち組に入っている」などと騒がれている割には「儲け」の指標である営業利益率が思ったほど高くない。シャープ、パイオニア、三洋電機が営業利益率5％を達成しているのに比べると見劣りする。

その理由を中村社長はトーンを落としてこう説明した。

「まだまだ20世紀型の生産性の低い組織構造が残っているために、実現性の低い数字を立ててしまい、選

択と集中が徹底できなかった」

と分析し、その一方で、

「DVDやPDPなどは2004年度に大きく成長する商品。営業利益率にもっと貢献できるパワーができたと思う」

と回生も順調に進んでいることを披瀝した。

松下電器は2003年春・夏からクリスマス・年末商戦にかけてDVDとPDPの新製品を相次いで発表した。

「でっかく録って、小さく残す」というキャッチコピーで、格闘家ボブ・サップと若手俳優の妻《つま》夫《ぶ》木《き》聡《さとし》の人気コンビ起用のDVD「DIGA」（2003年3月発売）の宣伝は連日TVや新聞・雑誌上に登場した。いま一番注目度の高いボブ・サップ、あのワイルドな（野獣のような）迫力と少々ずっこけた笑いの魅力が重なって、宣伝効果は抜群だった。2月発表時には業界の常識を超えた5機種同時発表を行っている。宣伝効果と機種の豊富さ（8月に2機種追加）と価格帯のバリエーションで評判を呼び、年末には品切れを起こしている。国内だけでは間に合わず、中国・大連工場とシンガポール工場での生産拡張が緊急課題となった。日本だけでカバーしきれない分を海外工場の助けを求めるのは今後も頻繁に起こりそうだ。DVDレコーダーで「グローバル50％」（日本及び世界で50％のシェア獲得）を目指す松下電器はいま増産体制に入っている。

ちなみに、この「DIGA」は、DVDの「D」と、データ容量の単位ギガ「GIGA」をもじったものだ。

『創生21』に引き続き『躍進21』でも「海外は成長エンジン」と位置づけられ、①V商品の世界同時発売・垂直立ち上げの推進、②2005年までに中国事業1兆円を実現……の2点がとくに強調された。

中国事業は21世紀の松下を左右する要諦地域という位置づけだからこそ名指しで、しかも1兆円という数値目標まで掲げられているのだ。ということは、「中国でこけたら、松下もこける」のか。まさに一蓮托生の感がある。

創業者松下幸之助が4半世紀も前に先見的に中国に惚れ込んだ。

その中国がいま松下電器の将来までも左右するほどのメイン事業になろうとは、当の幸之助はどこまで考えていたのだろうか。

# 第1章

# 中国事業の幕開け

# 1 歴史を背負った日中共同プロジェクト
## ——日中友好の「象徴」として誕生

### 鄧小平、松下の工場へ

1978年10月、鄧小平が日中平和友好条約調印の批准書交換のために公賓として来日した。この時、鄧小平は日本が誇る代表的な3か所の工場を見学している。松下電器の大阪・茨木工場（カラーTV）、新日鉄の千葉・君津製鉄所（高炉）、日産の神奈川・座間工場（自動車）である。

鄧小平の来日には理由がある。その年の12月、中国共産党第11期第3回中央委員会総会では「真理を検証する唯一の基準は実践である」とのテーゼが発表され、政策の基本は経済建設であることが確認され、鄧小平が華国鋒に代わって党内主導権を確立している。その2か月前に、鄧小平は将来の中国の経済建設の参考にするため、じっくりと日本産業の実態を自分の目で見ようとしたのである。訪問した3工場は、中国での経済建設のために一刻も早く確立したい重要分野であったわけだ。

実は、どの日本企業も鄧小平に来てもらいたかったので、そのアピール合戦は水面下で激しく展開された。そして、その一つに松下電器が選ばれた。数ある電機電子メーカーの中で、なぜ松下電器が選ばれたのか。

「教訓を与える」と始めた局地戦の中越戦争（79年）で中国は軍事用電子・通信機器が極めて劣っていることが露呈した。何とか電子・通信機器の分野を一刻も早く確立する必要があった。しかし、それ以上に、民生の電子機器産業を充実させ、経済建設の担い手である中国国民の生活向上と娯楽のニーズに応えるためには、どうしても家電の王者、カラーTVの普及が急務だと認識したためと思われる。

3か所の工場は関東と関西という具合に分かれているので、新幹線での移動となった。新幹線の高スピードに驚いた鄧小平がつい漏らした有名なセリフ、「後ろからムチで追い立てられているようだ」はその時のエピソードである。

茨木工場での説明は当時相談役だった松下幸之助が自ら行っている。幸之助の懇切丁寧な説明に聞き入っていた鄧小平がおもむろに、

「松下（幸之助）さんは経営の神様だと言われていますね。中国の近代化を手伝ってくれませんか」

幸之助もその言葉をいまかいまかと待っていたようだ。

「21世紀はアジアの世紀です。中国と日本の役割は非常に大きい。松下電器は一企業ですが、中国の工業化に是非、貢献したいと思っていました。わかりました。協力しましょう」

と幸之助は大きく頷き、その顔も嬉しさでほんのり紅潮していた。

この言葉を聞き、「松下は本気だ」と思った鄧小平は間髪容れず、中日友好協会の廖承志会長の来日の指示を出している。この話が実を結ぶようにするためである。その後まもなく、鄧小平の指示通り、廖承志会長が来日。そしてその後、今度は幸之助が中国を訪れることになった。

## 「中国には孫悟空が必要」

松下幸之助は1979年6月に初めて中国を訪問した。その時、84歳。国賓待遇だった。政治家はいざしらず、民間企業人の国賓待遇というのは、後にも先にも松下幸之助だけである。

この幸之助と鄧小平の会談に立ち会った青木俊一郎（79年当時、松下電器駐華代表処の初代所長、現日中経済貿易センター理事長）によれば……。

幸之助「昨日、京劇の孫悟空を見ました。経営というのは、おそらくあのように臨機応変、変幻自在でないといけませんな」

鄧小平「戦後の日本の復興と経済建設は、松下さんのように孫悟空のような企業経営者がいたからできたのですね。中国の近代化にも大勢の孫悟空が必要です。松下さん、孫悟空を育てるのを助けてくれませんか」

第2回目の中国訪問は翌年80年10月だが、第1回目の訪問から1年4か月経っている。この期間、日本では大変なことになっていた。

第1回目の中国訪問から帰ってすぐの79年7月、幸之助は鄧小平との間で交わした中国電子工業の近代化への協力を果たしたい一心で、張り切って「日中電子工業連合合弁構想」を発表した。この構想は、日本の電機・電子メーカーが大同団結して、中国側と連合を組むものであった。

松下幸之助と鄧小平

構想が雄大過ぎて、各社の足並みが揃わない。中には、

「なぜ、松下電器が音頭をとるんだ」

とやっかみの声すら聞こえてくる。他の企業にしてみれば、松下のリードで進められる話が面白くないわけだ。しかも、中国の経済体制をどう評価して良いかわからず、インフラ建設や法整備にも不安を感じる日本側にしてみれば、この話に乗って良いものかどうか判断しにくい環境もあったことは確かだ。

日立製作所の吉山博吉や三洋電機の井植薫などから「素晴らしい構想なので、可能な限り協力したい」との賛同があったものの、多くは乗り気でなく、結局は実現しなかった。

## 「松下だけでやるか」

幸之助は困った。

「しゃあない。松下だけでやるか」

1980年10月、幸之助の中国訪問第2回目に合わせて、北京で『松下電器総合電子技術展覧交流会』が開かれた。松下電器から総勢100人余の技術者が北京まで出張した。最新技術のパナサート（多機能高速装着機）やカラオケ機器を持ってきたので、大変な人気となった。

ところが、幸之助にとってはこの第2回目の中国訪問は非常に気の重いものであった。あれだけしっかりと協力を約束したのに、日本の企業間協力が得られなかったからだ。幸之助が、

「あかん。もうダメや。素直にお詫びしよう。そやけど、松下単独でも中国側と理想的な合弁会社をつくりたいんや。そう言ってみようかなぁ」

とつぶやくのを青木は聞いている。

この幸之助の日本での積極的な行動と「松下だけでもやりたい」との姿勢を中国側は高く評価し、その後の松下の合弁事業展開に道筋をつけるものとなった。

日本企業間の協力は実らなかったが、日本電子機械工業会の中に中国委員会が組織され、中国の電子工業の近代化に協力するための窓口として動き始めていた。この中国委員会が中国を2回ほど視察した結果、改革開放直後の中国からいろいろな要請が出された。その筆頭が、国営の老工場の再生に関する支援だった。それを日本側も企業だけでなく、通産省（現・経済産業省）も真剣に受けた。中国の家電が拡大しそうな気配を感じ取ったからに違いない。当時、「中国老工場改造技術支援」案件が政府借款で約300件あり、松下電器もその中の10件ほどを手がけている。

これ以外にも松下電器は中国企業への技術支援を単独で約150件ほど実施している。

79年6月、幸之助の最初の中国訪問時に松下電器は上海灯泡廠との間でサインした。これが松下にとっての技術支援第一号案件である（灯泡とは電球のことで、過去にGEと合弁で電球をつくってい

た）。この上海灯泡廠がその後、「白黒ブラウン管の製造をしたいので設備を買いたい」と申し込んできた。その時、松下電器は提供できる新設備がなかったために、既存の遊休設備をオーバーホールし、上海に持って行っている。まだ、中国はカラーTVの時代ではなかった。

この上海灯泡廠との関係は後で意外な人物との関わりを持つことになったのである。

## 100億円はドブに捨てる覚悟で

松下電器では北京のカラーTV用ブラウン管工場への投資に100億円を用意していた。この資金はニューヨーク証券取引所で起債して調達した。この100億円は、ドブに捨てる覚悟でプールされていたという。

このプロジェクトを強く推し進めていたのが当時の社長であった山下俊彦であった。ところが、先輩の長老連が難色を示し、猛反対を喰らったのだ。その時、たった一人、幸之助が助け船を出した。

「君らそういうことを言うけど、中国はこれから将来のある国や。（山下）社長が決めたんや。皆、協力してやってくれんか」

これで何とかゴーサインの了解が得られた恰好になった。

1984年、山下社長と北京市長との間でカラーTV用ブラウン管工場の建設について話がまとまった。しかし、ここから合弁会社設立に至るまで2年強かかっている。

「初めての合弁のケースであり、さまざまな問題が横たわっていました。暗礁に乗り上げた項目を一つ一つクリアにしようとすれば、とてつもない時間を要します。お互いが納得できる形で合意に至ることが重要でした」(青木俊一郎)。

長い交渉の結果、87年9月、北京・松下彩色顕像管有限公司が誕生したのである。

ところで、松下電器の中国での拠点は最初はどこだったのだろうか。

実は、青木がその役を担っていた。青木が北京に向かったのは79年5月だが、その直前の79年4月まで8年半ジャカルタ駐在をしていたというから、忙しい人事異動である。

青木は1963年大阪外国語大学中国語学科を卒業しているので、中国語はお手のもの。北京に赴任した時は39歳。まさに働き盛りの頃だ。

「〈若くて、中国語がわかって、フットワークの良い奴はおらんか〉ということで指名されたようなもんです」と青木は笑う。

青木は北京に行って日本企業第一号の駐在員事務所をつくった。ちなみに、外資の第一号はGE(001号)、次は仏トムソン(002号)、そして松下が003号(79年6月日本企業事務所登記第一号)となっている。

当時、中国には駐在員事務所をつくるための法律がなかったので、工商行政管理局から批准書をもらわなければならなかった。その批准書をもらうためには、本社の財産目録、財務諸表など相当数の書類を要求され、それを揃えるのに日本本社とのやりとりは大変な作業だったようだ。

事務所は北京飯店の3011号室、ベッドが二つあるだけの狭い部屋で、事務所兼住居だった。当時はホテルも不足していたので、この状態が1年間続き、その後、ツイン部屋である1442号室のスイートルームに移り、3011号室はそのまま住居用に転用している。

## 上海灯泡廠との不思議な縁

先述の上海灯泡廠の白黒TV用ブラウン管工場は大成功した。12インチと14インチの白黒ブラウン管が年産約150万台。現在もまだ立派に稼働している工場で、アフリカへの輸出も好調だ。この工場の立ち上がりに際して、日本の松下電器で3か月間ほど実習させるために中国から50人が送り込まれてきた。その時、上海灯泡廠の党書記もそのメンバーの中に入っていた。それが現在の全国人民代表大会常務委員長（国会議長）の呉邦国である。

2003年8月、谷井昭雄相談役（元社長）が中国に行って呉邦国に会っている。その時、呉邦国は、

「いやぁ、実を言うと、私はかなり昔、松下電器には大変お世話になっているんですよ。ご存じでしたか」

と話し、松下電器と縁浅からぬ関係を披露している。

また、呉邦国は9月の公式訪問の際には松下電器を訪れ、

「まるで自分の家に帰ってきたようですよ」

と懐かしがった。

推測であるが、この上海灯泡廠での事業が成功したからこそ、呉邦国はいまのポジションへの道が開けたのではなかろうか。呉邦国は精華大学出身の超エリートで、まさしく社会主義市場経済を実践するために、「資本主

事務所設立に奔走した青木俊一郎・現日中経済貿易センター理事長

義経済はどうなっているんだ」という意気込みを持って日本にやってきて、自ら異文化に触れて勉強したのだった。

結局のところ、上海灯泡廠への技術協力の延長線上に北京のカラーTV用ブラウン管事業もあるわけで、この二つは5年の歳月を経てつながったことになる。

話はこれで終わらない。

上海灯泡廠から派生したのが、87年上海A、B株上場企業第一号となった上海真空電子（87年設立、現在の上海広電電子）であり、その親会社は中国第4位の電機メーカー、上海広電集団である。2001年1月松下電器は上海において合弁会社の上海松下等離子顕示器有限公司（SMPD）を設立し、同年12月からプラズマ（PDP）事業をスタートしているが、そのパートナーがこの上海広電集団及び上海広電電子なのである。

## 北京側も成功を渇望

技術援助は一般的にプラント輸出を伴う。上海灯泡廠は成功したけれど、松下電器が手がけた大抵の技術援助案件はその後、調子を落としていったものが多い。

「グライダー現象なんですよ」

と青木は解説する。

グライダー現象とは何か。

「グライダーはエンジンがないでしょ。だから、いったん機体が飛行機から離れると、自らの動力がないので、後は少しずつ降下していくだけなんです」

つまり、いくら技術を持ち込んでも、金型も新しく更新できないし、新製品開発もできない。まだ社会主義だから予算の意思決定も遅い。そうするうちに徐々に競争力がなくなり、4年もすれば松下から部品も買えず、にっちもさっちもいかない。しかも、一方で完成品が海外から入ってくるから、なおさら勝負にならない。結局は、合弁事業にして自ら経営しなければならないということがわかったそうだ。

こういう経緯からも、直接投資の意味を認識し、それがその後の中国事業展開の基本の考え方になっている。

北京のカラーTV用ブラウン管事業では松下電器が100億円、北京市政府も100億円の資本を投下した（当時の合弁事業は中国側が現物出資するケースが多かったようだが、BMCCプロジェクトでは中国側も現金で出資している）。

ただし、50％の資本を受け持つ北京市政府内部で「基本的には行政と企業活動を分ける」ということで、北京市政府は東方科技集団、中国電子進出口北京公司、中国工商銀行北京市唖亜運村支行、北京顕像管総廠の4集団が参画することになった。

お互いの100億円は日中双方とも貴重な資金だったが、とくに日中の経済格差から考えても北京側にとって当時の100億円という金額はかなり重圧感のある金額だった。そういうこともあり北京側は何としても利益を出す事業にしなければと必死だったという。北京側の「事業を成功させなければ」という強い意志が好作用したことは言うまでもない。

1998年11月、天安門広場にある中国歴史博物館で『松下幸之助』展が開催された。その後、上海図書館でも開催している。こうしたイベントは外国の実業家では松下幸之助だけである。いかに、松下幸之助が中国で受け入れられ、評価が高いかがわかる。

## 天安門事件と松下電器

松下幸之助は１９８９年４月27日に天寿を全うした。それより少し前、当時の社長だった谷井昭雄が幸之助を見舞っている。

工場の外観や内部を写真にしたアルバムを手に、

「ＢＭＣＣの立派な工場ができましたよ」

と幸之助に見せている。

この時、幸之助はもう話はできない状態だったが、「こうやってできたんです」と谷井が説明すると、幸之助は、

「これで鄧小平さんとの約束が守れた」

と言っているような表情を浮かべ、ホッとしたように見えたという。

幸之助の死去から38日目に天安門事件（６・４事件）が起こった。

当時、青木俊一郎は総経理の蜷川親義の下で市場経営部長に就いていた。日本人駐在員（常駐）は全部で７人。まさに№１ラインの立ち上げ直前だったために、日本から応援部隊（設備関係の外部業者も含む）と合わせ38人が北京にやって来ており、工場現場は総勢５００人ほどの規模になっていた。№１ラインから第一号のカラーＴＶ用ブラウン管ができあがった。６月３日のことである。この日は土曜日だったが、

「従業員は飛び上がって喜びました。実習生250名が日本の宇都宮工場で6か月も実習に苦労したのも大変な思い出ですが、中には脳内出血で倒れたものもいます。志半ばで病気に倒れた若者のことがふっと脳裏をかすめたりして、いろいろなことが思い出されたので、第一号を見て本当に嬉しかった」(青木)。

この計画は当初予定では24か月かかることになっていたが、2か月早く仕上がった。これは、金利負担を考えれば日中の投資額200億円を少しでも早く回収するためであった。それで、6月3日にまず第一号だけをライン・オフしたのである。これで、この日は終わった。

そして、4日の日曜日。工場は休みだ。この数日間、北京市内では異様な雰囲気と人々のざわめきが続いていた。時間とともに一層露わになり、遂に6月4日、北京市内で異変が起きた。

戒厳令が敷かれたが、その対象地域は天安門を中心とした4区だけだ。BMCCのある朝陽区は戒厳令指定区域に入っていなかったものの、松下電器駐華事務所はまだ中心部の北京飯店に入っている。

戒厳令下の地域では工場は閉鎖される。翌6月5日(月曜日)、BMCCでは工場を動かす予定になっていた。第一号機を出したばかりなので、ラインを止めるわけにはいかない。もし、止めると、そのラインの稼働の回復までかなりの日数を要するためである。工場を動かすための対策として周囲の宿舎を借りあげ、多くの従業員を近くで寝泊まりさせた。

「朝、BMCCに行くと、全体の9割が出勤していました。お昼頃、受付の女の子が泣きながら倒れ込むように工場の玄関に辿り着いたのを見ました。彼女は北京市内の真ん中辺に住んでいます。戒厳令で大勢の軍人やら暴徒やらが行き交う中を自宅から工場まで6時間もかけて歩いてきたのです。さぞ、怖かったことでしょう。皆、これを見たり聞いたりして、えらく感激しました」（青木）。

## 「要」にして「急」のＢＭＣＣ

６日になると、在北京日本大使館から「臨時便を出す。不要不急の日本人は帰国せよ」という通達が来ている。

ＢＭＣＣから蜷川と青木の２人が大使館に出向き、「通達通りに帰国しなければならなりませんか」と尋ねた。６月３日にブラウン管第一号をライン・オフしたＢＭＣＣの事情を熟知している久保田公使が外務省とも打ち合わせ、「松下さんの場合は、〈要〉にして〈急〉です。そのまま工場を動かして下さい」という返事だったという。

そして、ここが松下電器の面白い性格であるが、応援部隊38人の入れ替え分（約半分）が６日に日本からスケジュール通り追加でやって来ている。他の日系企業はどんどん帰国させているのに、松下電器本社は北京に新しいメンバーを送り込んできた。こういう日本企業は例を見ない。

一方、中国側のパートナーも、

「ラインを止めたらかなりの損が出ます。それに、ＢＭＣＣは国家プロジェクトです。鄧小平・幸之助のおふたりが望んだ案件です。このままやりましょう」

さらに、パートナー側から出ている副総経理も、

「駐在員の方々、及び38名の出張者には決して迷惑がかからないように配慮します。命は保証しま

す」と懸命だ。

こうまで言われれば、日本人駐在員も居残らないわけにはいかない。北京市の呉儀副市長（現副首相）もＢＭＣＣに難が及ばないようにたいそう気を配っている。

「ＢＭＣＣの日本人は皆残ったので、いまでも信用されている。あの時、すたこら逃げ出していたら、いまのＢＭＣＣはなかったと思います」（青木）。

ただ、従業員は若いので、デモに参加した者もいる。横幕を掲げ、「有志一同」と書き、デモをしている。「ＢＭＣＣの若者がデモに参加しているのがＣＮＮに映っていた」と外部からの指摘を受け、中国側パートナーの責任者が、

「デモに参加するのも愛国活動だが、ブラウン管をつくるのも愛国活動だ。ＢＭＣＣは平和産業だから、仕事はちゃんと続けよう」と訴えている。

工会（労働組合）はもっとはっきりしていた。ＢＭＣＣではあらゆることを想定し、日本の労組の実情を見てもらっていたし、日本の人事の実情も約半年間ほど勉強してもらっている。そして、両者の間の了解事項として盛り込んだのは、「職場に政治を持ち込まない」、「ポスターは貼らない」、「就業時間内の会合を禁じる」というものであった。こういう合意があったので、天安門事件といえども、工場内での混乱はなかった。

ＢＭＣＣは進出して16年が経つ。天安門事件もあったし、最近ではＳＡＲＳ（重症急性呼吸器症候群）騒動もあった。事業の継続にはこれからもいくつかの試練があるかもしれないが、

「ＢＭＣＣは日中友好のメモリアル的なプロジェクトです。これからもまだまだ頑張ってもらわなければなりません」（青木）。

## 2 北京カラーTVブラウン管工場の成功
### ——プラズマには負けられない

北京・松下彩色顕像管有限公司（BMCC）＝松下電器の戦後第一号の進出案件。1987年9月設立。松下電器（50%、現在は松下東芝映像ディスプレイ）と北京側（50%）のカラーTV用ブラウン管製造の合弁会社。

### 誰もが知っている松下

「マッシタ？　あぁ、あの松下ね、ブラウン管工場でしょ。まかしといてよ」

北京でタクシーに乗ると、どのドライバーでも大抵は難なく連れて行ってくれる。それほどに有名な会社だ。

中国で外資系企業のイメージ度を調査したデータを見たことがあるが、松下はシーメンス、マイクロソフト、GE、モトローラ、ソニーなどとともにベスト10に楽々入っている。よく比較される「松下とソニー」の場合を見ると、社名の「松下」と「ソニー」では明らかに松下が上回っているが、商品名の

「PANASONIC」と「SONY」ではややSONYの方が優勢との結果が出ている。

いずれにしろ、中国の松下と言えば、誰もがすぐに思い浮かべる。それくらい中国ではインパクトの強い会社なのである。松下電器にとっても北京のカラーTV用ブラウン管プロジェクトはメモリアル的なもので、同社の戦後の中国進出第一号案件だ。あの天安門事件の時も、「松下の日本人社員は誰も日本に帰らず、北京にいてくれた」と中国側からの賞賛を受けている。この工場から第一本目のブラウン管が誕生したのが1989年6月3日。天安門事件（6月4日）の前日であった。「こんなタイミングで生産を開始した松下はこれからどうなるんだ」と囁かれたものの、これが逆に松下電器の名前を高めることにもなったから、世の中、わからないものだ。

また、2003年5月には2工場からSARS患者が出るという騒動もあった。当時、松下が中国で雇用している総従業員数は5万人にも及んでいることから、ことはブラウン工場や照明工場だけの問題ではなくなっていた。「さぁ、どうする」と突きつけられた問題はあまりにも大きく、一時は情報が錯綜し、混乱も起こったようだ。しかし、それも乗り越えた。

最近では液晶やプラズマの颯爽とした登場によって「将来性が云々……」と囁かれているブラウン管である。今後ブラウン管はどうなるのか。本音を言えば、その興味も強くあった。

そういう思いを持って、北京・松下彩色顕像管有限公司（BMCC）を訪ねた。

北京には天安門を中心にしてぐるっと囲むようにした道路「三環路」がある。その東の部分が東三環北路であるが、この東三環北路の燕莎橋で交差する通りが「亮馬橋路」である。これを東方向に入り、東四環北路を通り過ぎると「酒仙橋路」と交わる。その酒仙橋路を北上すると松下電器がカラーTV用ブラウン管生産を行っているBMCCの本社兼工場がある。

俯瞰的に言えば、天安門と北京首都国際空港のちょうど中間あたりに位置している。正式な住所は北京市朝陽区大山子酒仙北路9號である。

## 年間760万本生産

BMCCの設立は経緯1978年まで遡る。

鄧小平副首相（当時）が松下電器のカラーTV茨木工場を視察、翌79年と80年には松下幸之助が訪中した。この2人のルートで松下電器の中国進出への道が固まっていく。実際に動き始めたのは、山下（俊彦）社長の時代で、85年に北京政府との間でカラーTV生産のため合弁会社設立の意向書（MOU）が調印された。契約・調印はその2年後の87年5月である。

BMCCが設立されたのは87年9月。松下電器50％、北京側50％の合弁会社（2003年4月に松下電器と東芝がブラウン管事業で合弁したために、日本側出資者は松下東芝映像ディスプレイに変更されている）。中国側は4社で、東方科技集団25％、中国電子進出口北京公司10％、中国工商銀行北京公司10％、北京顕像管総廠5％。生産開始は89年6月3日。21インチのカラーTV用ブラウン管（CRT21型）の第一本目ができあがった。翌6月4日に北京で天安門事件が起こっている（詳細は前項に記述）。

「実は、社名の北京・松下彩色顕像管有限公司にある［・］に意味があるのです。この［・］があるのとないのとでは随分意味合いが違うんです」とBMCC総経理の横枕光則は力を込める。

［・］が付いていなければ、単に「北京にある松下電器」の意味でしかないが、［・］を付ければ、「北

京と松下電器の合弁会社」であることがハッキリと強調できるからだと言う。つまり、友好の印を全面的に押し出すという意識はこうした社名へのこだわりからもうかがえる。

資本金は現在12・4億人民元。従業員数は５１００名。日本からの出向者は８名。敷地は約20万７３００平方メートル、建家面積は18万５６７４平方メートル。カラーTV用ブラウン管（ＣＲＴ）の生産本数は年間約７６０万本。売上げは２００２年が37億元となっている。

ＢＭＣＣの組織は董事長と副総経理が中国側から出て、副董事長と総経理は日本側が就いている。

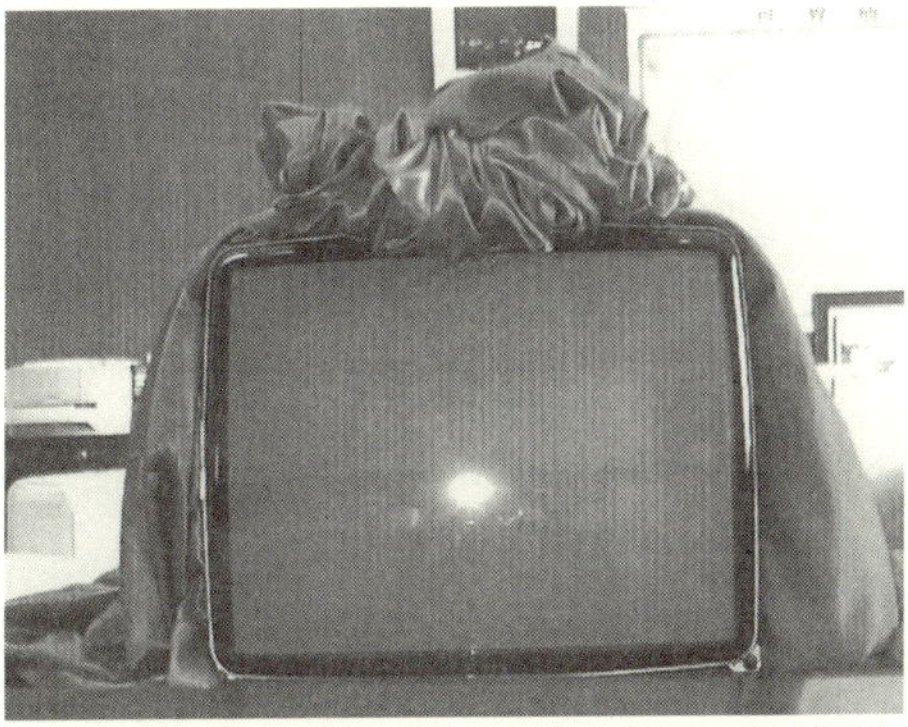

1989年6月3日にBMCC第一本目のCRT21型が誕生

董事（取締役）は日中双方とも6名ずつの計12名。

「あくまで、対等な役員構成となっています」（横枕総経理）。

組織は人事部、財務部、営業部、資材部、商品事業化推進部、生産技術部、品質技術部、製造部の８部で構成されており、とくに財務部と製造部の部長が日本側が務めている。

「人事については５０００人を超える中国人従業員を日本人が管理するのは難しい面があるので中国側が部長になっています」（西村伸一ＢＭＣＣ経理部長）。

直接のライン従事者は３５００名、製造全体では４２００名（うち、女性が約６００名）。ほとんどが北京市以外から働きに来ており、現在大部分が寮に入っている。出身地を省別に見ると、山東省、河南省、山西省、河北省、陝西省、黒龍江省が多い。基本的には社員待遇だが、契約で年数を区切っている。年齢的には19～22歳で、若い（ただし、製造の平均年齢は24歳）。

「採用は、募集をお願いする周辺の省の労働局に人数や条件（視力など）を提示し、その条件に基づいて労働局が第一選抜を行います。省としても、優秀な人材を紹介しないと、次からは採用の声がかからなくなるから真剣です。ただ、幹部などは定住している人が都合がいいので、それなりに北京市在住者から優先的に採用しています」（横枕総経理）。

中国は労働力が豊富で必要な人材はどんどん取れるので、「ここでは必要以上の自動化はしなくても済みます」（中井義隆BMCC製造部長）という状況だ。人件費のメリットを享受できる以上、自動化はあくまで投資効果を考えてやるべきとの考えに立っているようだ。

## ラインの増設

カラーTV用ブラウン管（CRT）は21インチが一番古く、No.1ラインで生産されている。以下、No.2ラインは14インチと15インチ、No.3ラインは21インチと29インチの混合生産、No.4は21インチ、No.5とNo.6は大型（30インチ以上）とPRT（プロジェクション）となっている。

1989年6月3日に21インチの第一本目のラインからCRT21ができあがっている。これが6・4天安門事件の前日のことであることが実に印象的である。生産ラインの建設は89年から2003年まで1期（No.1ラインとNo.2ライン）、2期（No.3ラインとNo.4ライン）、3期（No.5ラインとNo.6ライン）に分けられて進んだ。一挙に進めるのではなく、一段ずつ確実に立ち上げて、利益が出るようにしながら次の段階を準備していくという方法がとられた。一番古いのは89年のNo.1ライン、新しいのは

2000年のNo.6ライン、2002年にはPRT（プロジェクション）も立ち上げている。

工場の中を歩いて気づいたことがある。必要以上の指示書（カンバン）がないことだ。最近はどこの工場でも「整理整頓」とか「目標貫徹」などのスローガン的なものや「目指せ、月間10万台」などの類の数値目標を定めたボードがひしめき合っていることが多い。しかし、BMCCの工場では最低限の進捗状況や指示書を記したボードが邪魔にならない場所の壁に付けてあるだけだ。

これまで各種の工場を見学した経験からすると、あちこちにカンバンがあり過ぎると、いくら流行りとは言え、従業員たちは常にせき立てられているようであまり気分のいいものではないことは容易に想像できる。少なくともこの点において、緊張感の押しつけは感じられない。

照明工程のラインは96年にスタートした。照明事業は当初BMCCの中に組み込まれていたものだが、2001年5月に北京松下照明光源有限公司（BMLC）という別会社として独立することになった（BMCCと同じ敷地内に設立）。

参考までに、売れ筋の平面型（PF＝Pure Flat）TV向けのブラウン管生産開始の詳細を見てみると……

1999年12月——29型PF
2000年3月——21型PF
2000年9月——34型PF

BMCCを訪れて、すぐに1階に展示してある商品陳列コーナーに連れて行ってもらった。

「本当に綺麗でしょう」と横枕総経理は平面型TVの画面を指さしながら微笑む。確かに、画面がクリアで、ハイビジョンに近い。ここまで技術が上がっているのかと、少々驚いた。1950年代、60年代の日本の白黒TV時代を知る者にとっては隔世の感がある。しかも、ここは北京である。

## 40億元突破が目標

2001年のBMCCは経営が思わしくなかったが、2002年は大きく躍進してCRT生産が760万本となった。99年、2000年あたりは中国国内のTVセットの過剰生産で価格が下がったために、本数は伸びているものの、売上げ面では落ち込んだ。30億元（約450億円）のラインはなかなか超えなかったが、2002年に新製品の大型CRTの開発に成功した結果、販売も伸びて、目標の30億元を遙かに突破して37億元となった。現在、4班3交替制（8時～16時～24時～8時）で、土日も含めて24時間稼働となっている。

5年前の98年は540万本規模であったが、2003年は850万の目標を掲げている。

「売上げは40億元を突破したいですね」（横枕総経理）。

CRTの販売先はTCL、長虹、康佳、海爾（ハイアール）、海信（ハイセンス）、創維、上海金星、パンダなど数多くの中国企業や中国進出外資企業が対象。また、松下グループ会社でもあるPAVCSH（山東松下電子信息有限公司、カラーTV生産）へも納入している。

多くのTVセットメーカーが華南地域に集中しているので、華南にもBMCCの駐在事務所を設けて常駐させている。販売はメーカーへの直納。営業部隊はBMCC内に抱えている。輸出は米国、メ

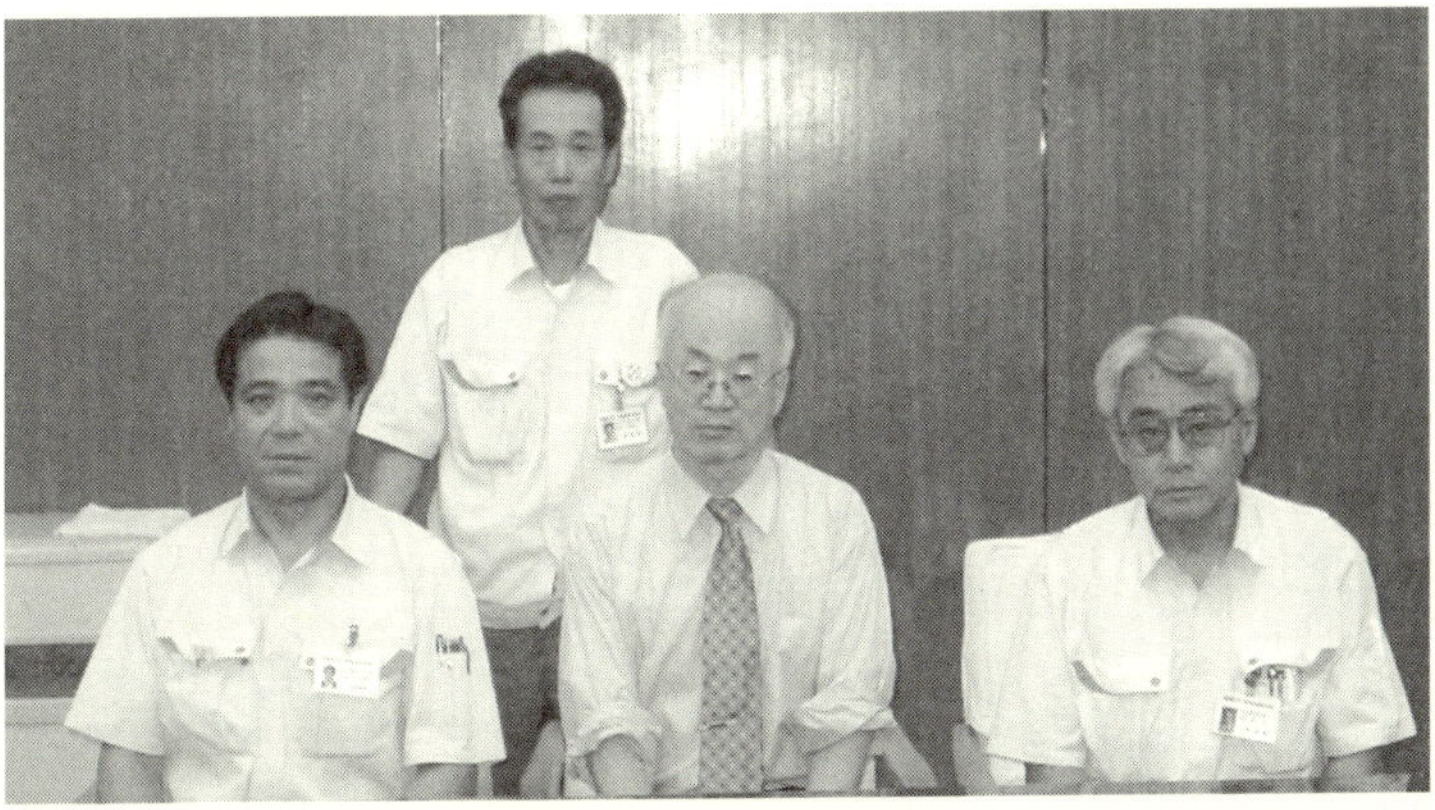

北京・松下彩色顕像管有限公司の横枕光則総経理（左）、中井義隆製造部長（後ろ）、筆者、西村伸一経理部長（右）

キシコ、マレーシア、インドネシア、フィリピン、タイなど。CRT生産シェアは、BMCCは2000年から2002年まで3年連続第2位となっている（ちなみに、第1位は旧・国営企業）。最近、フィリップスとLGが合弁会社をつくったので、両社を合わせると22％で№1になり、BMCCは第3位になるが、工場別ベースで見ると、BMCCは依然として2位である。

コストダウンするには部品の国産化（中国国内調達の徹底）が極めて重要になる。BMCCの国産化率は金額ベースでは85％、数量ベースでは90％まで実現している。中国進出日系企業と中国企業からの調達は数量的には半々の状況だ。

## ブラウン管はまだ必要だ

中国のTVセットは年間3500万台だが、液晶・PDPは月間各1000～2000本で、年間にして数万本だ。仮に、液晶やPDPの本数が10倍になったとしても、たかが26万本程度である。しかも、沿岸部は豊かになったものの、中西部では電気もない農村地帯が多い。通常のカラーTV（ブラウン管式）よりも遙かに高い液晶やプラズマを所得の低い農村地帯の人たちが簡単に買えるとは思えない。

日本の人口が1億2000万人、TVの販売台数は年間1000万台弱。これに対して中国の人口は13億人だから、中国は日本の約10倍の人口である。つまり、TVの販売台数で中国は日本の約3分の1程度しか行きわたっていない勘定になる。まだまだTVは売れるという認識だ。（参考までに、米国のカラーTV市場は年間約2500万台。しかも、日系家電メーカーが50％のシェアを占める）

例えば、14インチのカラーTVの値段は600元（約9000円）。液晶の15インチは6～7万円で、7～8倍する。この価格であれば29インチ以上の平面型TVが買える。

「中国では、とくに沿海部で高価格の自動車が売れているので、液晶やPDPも売れるという見方もあります。しかし、消費社会に突入しているいま、彼らには買いたいものがたくさんある。例えば、家、車、さらにはデジタルカメラも、という具合です」（横枕総経理）。

そういう環境の中で、人に見せつけて優越感を誇れるのが家であったり、車であったりする。家の中にじっと据え付けられた高価格のTVを果たして買うだろうかという見方も一方ではある。

街の電気店で購入している様子を見ていると、圧倒的にプロジェクション型TVを買う人が多い。このプロジェクション型TVはブラウン管式であり、ハイビジョンなどに慣れた人には映像的に不満もあろうが、極端な高精度画面愛好家以外は、十分に楽しめるTVなのである。

沿岸部の消費者の購入するTVは21インチのサイズが多かったが、生活が豊かになるにつれて29インチや34インチ、さらには平面型TVに向かう傾向だ。小金持ちはプロジェクション型TVとその横にオーディオを付けてホームシアターにしている。そういう流れがある一方で、農村部ではいまでも21

北京・松下彩色顕像管有限公司の全景

インチTVが主流で、驚いたことに白黒TV（200〜300元）すらまだ健在なのである。

こう考えると、ここ数年のうちに液晶とPDPの生産コストと製品価格が急激に下がるというのであれば話は別だが、いますぐ中国でブラウン管型のTVがなくなるようなことは考えられない。逆に、まだまだブラウン管の需要は伸びるとさえ思われるのである。

「農村部の収入は年間1000〜3000元のところも多い。息子や娘が沿海部に出稼ぎに行き、その仕送りを入れてやっと1万元です。そうすると、まだまだブラウン管TVの需要は期待できるし、当面は生産の縮小をするつもりはありません」（横枕総経理）。

BMCCでは29インチの平面型TVが順調だ。この平面型はBMCCが一番最初に導入したもので、その後、他社も少し遅れて平面型を入れた。現在では全体の6〜7割は平面型になっている。2003年の中国の沿海部の電気店では中型の21インチ平面型TVに徐々に置き換わっている。やはり、平面TVの方が人気があるようだ。

世界の市場予測では2007年あるいは2008年までブラウン管の総数は2〜3%伸びると出ている。これはTVの大市場である中国が前述のような状況であることに加え、インド、ロシア、アフリカなどの地域においてTVが隅々の人々にまで十分行きわたっていないという状況があるからだ。それが伸びる要素となっている。ただし、それも今後3～4年のことで、やはりブラウン管式TVは2007～2008年をピークにして、以後は共存しつつも、徐々に下がるとの予測も出ている。

## 「企業の成否は人にあり」

BMCCは中国における日本企業の成功例としていつも筆頭に挙げられる。中国側が日本企業を褒める内容の挨拶をする時には、必ず松下電器が成功例として引き合いに出される。松下にとっては、そのたびに面映ゆい思いをするそうだが、その成功要因の底流にある基本的なものが、松下の「企業の成否は人にあり」という考え方にあるとされる。

創業者である松下幸之助が口癖のように唱えていたのが「ものをつくる前に、人をつくる」という思想だ。この考えに基づき、生産開始する前に採用した中国のライン・ワーカーの中の250名を日本の宇都宮工場に送り込み、平均5・5か月間、ライン実習に就かせている。その彼らの日本実習をスタート時のベースにしたことが成功要因の一つとなっている。

「当時のBMCCの日本人幹部も中国での合弁事業は初体験でした。合弁で行う事業である以上、半分は松下の社員で、後の半分は中国だという思いを固めて臨んだのです。それを遂行するうえでも、合弁会社の経営はガラス張りにする必要がありました。オープンにすることで、お互いの企業文化を理解し合い、信頼関係を築くことが極めて重要でした。そのための指針として、〈BMCCは心を一つにして、CRT事業の国際競争に挑戦する〉という目標を掲げたのです」（横枕総経理）。

ＢＭＣＣでは、松下電器の七精神に、あと三つを加え、中国向けに表現を工夫して十精神にした。七精神とは、1．「産業報国の精神」、2．「公明正大の精神」、3．「改革発展の精神」、4．「団結一致の精神」、5．「発奮向上の精神」、6．「礼節謙譲の精神」、7．「服務奉仕の精神」……であるが、これに加えて、8．「実事求是の精神」、9．「友好合作の精神」、10．「自覚守紀の精神」……である。

「実事求是の精神」とは、いわば現場・現物の精神。「友好合作の精神」は字句そのままで、「自覚守紀の精神」とは、ルールを守ろうということである。

## 松下・東芝のブラウン管事業統合

２００３年4月、松下電器と東芝はブラウン管事業を統合し、「松下東芝映像ディスプレイ（ＭＴＰＤ）」を誕生させた。統合範囲はブラウン管に関する海外の製造及び研究開発と販売（日本国内の製造拠点は除く）。資本金は１００億円、松下電器64・5％、東芝35・5％。従業員数は海外も含めて1万５７００人。２００３年度の全販売高は約３０００億円の予定となっている。世界シェアも販売高で第2位、台数では第3位となる。

今後、世界中であらゆるデジタル化が進む。日本でも地上波デジタルＴＶ放送が始まろうとしている（一部では既に開始）。中国も２００８年北京オリンピックの需要を当て込んで地上波デジタルの放送方式が議論されている。米国ではようやくワイドＴＶのデジタル化が始まった。とくにデジタル化対応のワイドＴＶでは松下電器と東芝が世界の1位と2位のシェア&技術力を持っている。今後、先進国や高所得者層間で囁かれるキーワードは「大型」、「ワイド」、「高画質」となりつつある。

松下電器と東芝のブラウン管事業事業の統合によって、ＢＭＣＣの日本側出資元もこれまでの松下電器から松下東芝映像ディスプレイに変更された。

「いずれブラウン管はプラズマ（ＰＤＰ）に取って代わられるとの声がかまびすしいですが、そんなことを気にするより、まず中国国内の競争に勝つことが大事です。敷地はまだ余裕があるので、あと１ラインくらいはまだ増設できます。生産開始して14年経ちますが、北京市政府からの評価も高く、存分の協力もいただいています」（横枕総経理）。

## ＳＡＲＳと危機管理

「えっ、ＳＡＲＳ患者が出た！　どこだ⁉」

「北京です」

一瞬、息を呑む。

「えらいこっちゃ」

頭の中で何桁もの数字が行き交う。

「なんとかせにゃ」

深呼吸をする。

「もっと、事実確認をしろ」

こうして始まったＳＡＲＳ騒動。

2003年5月17日から18日にかけて、松下電器では本社のある大阪と東京で蜂の巣をつついたようになった。中国の北京・松下彩色顕像管有限公司（BMCC）で4人、北京松下照明光源有限公司（BMLC）で一人のSARS患者が出た。「緊急事態です」との知らせを受けた翌々日の20日、大阪本社にSARS緊急対策本部が設けられた。その本部長には海外事業を統括する少徳敬雄常務（現副社長）が就いた。マスコミ各社が事実確認を求めて本社に押しかける。

「まさかSARSのような感染症で工場の操業を停止することになるとは……。盲点だった」

中国広東省で原因不明の肺炎患者が発生したのは2002年11月だが、ちょうど同じこの11月に松下電器本社内に「海外リスクマネジメント委員会」（事務局は海外安全対策室）が立ち上がっている。この時は緊迫するイラク情勢や天変地異などで起こる種々のリスクに対応するという内容のものだった。BMCCとBMLCでSARS患者が出た直後の5月20日に海外担当の少徳を本部長とするSARS緊急対策本部が設置され、同時に海外リスクマネジメント委員会から危機管理の現地担当者に任命されていた海外子会社の経営責任者が現場で対応することになった。

SARS緊急対策本部から「もっと詳しく報告しろ」と詰め寄っても、現地サイドからは「まだ詳細が掴めません」。「一体何やってんだ」、「精一杯やっています」といった類のやりとりが激しく行き交う中で、情報が錯綜し、混乱した。

## 緊急代替工場の必要性

幸い、5月31日には操業再開となった。2週間ぶりのことである。この間、少徳本部長は納品を心配する取引先や関係者、さらにはマスコミに対して「北京の分はマレーシアで代替生産が可能。ご心配は無用です」と説明し、万全の体制を強調してきた。

操業停止が2週間で済んだため、取引先への商品（カラーTV用ブラウン管と照明）供給は在庫分で対応できた。仮に、もっと長引いた時に備えて、「ブラウン管の代替工場はマレーシア」という発表も行っている。BMCCとほぼ同じ形のブラウン管を生産しているマレーシアだったら、BMCCに代わって諸品の供給が可能だからだ。実際にはマレーシア・シフトを発動する事態にまでは至らなかった。

SARS患者が出た直後、少徳本部長は各地の生産拠点の責任者に「2週間分の原材料の在庫を確保するように」との通達を発している。このSARS騒動は大いに今後の教訓になったようだ。これをきっかけにして松下電器では各分野ごとにいざという場合に備えて部品や資材の既存ルートの他に代替が可能な体制を準備する検討に入っている。

松下電器くらい海外拠点を持っていれば、緊急時のシフト対応は可能だが、拠点を数多く設立していない企業や、資材や部品の供給ルートを断たれると生産中止に追い込まれる中小企業の場合、そのリスクヘッジの検討だけでなく、撤退も選択せざるを得ない厳しい現実が再認識されたわけだ。

海外リスクマネジメント委員会はあらゆることを想定して準備していたが、SARSなどの感染症で工場が操業停止に追い込まれるとは、想定外のことであったため、初動の体制がいかに大事であるかが教訓として残った。

「中国53か所の拠点、総勢5万人の従業員すべてをSARS禍から守り切るのは大変なことです」と少徳はリスクマネジメントの難しさを顔ににじませる。

今回のSARS問題は緊急時の代替生産、資材・部品の代替ルートの確保、適正在庫の重要性などを改めて想起させてくれた。ということは、まったく在庫がない状態を効率経営と呼び、一見過剰とも思える複数の生産工場を一本化する事業再構築の実践を優良経営だと一概に言えないわけで、まさにパラドックス的な現実を垣間見たような気がする。

皮肉を言っているのではない。ＢＭＣＣの代替はマレーシアの工場（マレーシア松下ディスプレイデバイス）、ＢＭＬＣは既存在庫で対応する体制を準備したが、2週間で操業開始となったために、ＢＭＣＣはマレーシアでの代替生産を実施しなくても済み、ＢＭＬＣは既存在庫で対応できた。

もし1工場しかなかったら、もし在庫が1日分しかなかったら。こう考えると、効率追求とリスクマネジメントは明らかに対立する。そうでなくても、代替工場を持てるほど余裕のない企業、あるいは部品供給がストップすれば生産中止に追い込まれる中小企業などは、事業そのものを畳まざるを得ない。松下電器は2週間くらいならば耐えられる体力が現体制の中で存在していた。

この点について少徳は、

「私はＳＡＲＳの時には頻繁にテレビに出て事情を説明したので、〈ＳＡＲＳの少徳〉ということで有名になりました（笑）。今回のＳＡＲＳ以外にも、地震や洪水などの天変地異、

海外事業を統括する少徳敬雄副社長

少徳敬雄（しょうとく・ゆきお）
1939年生まれ。63年大阪外語大学英語科卒、松下電器産業入社。米国やマレーシアの駐在などを経て94年取締役中国本部長、99年常務、2000年6月常務海外担当、2003年6月から副社長

さらにはテロなど予測できないことはたくさんあります。これに加えて、ダンピングや数量制限など通商摩擦も起こってその国から出荷できない事態も起こるでしょう。そのためにも、中国に絶対強い工場を持たなければ、グローバル競争に勝てません。同時にもう一つ重要なことがあります。それは、ASEANにもしっかりした工場を確保しておくことです。BMCCの一件で代替工場の必要性を痛感しました。ただ、ASEANに何か所も工場を持つということではなく、ASEANのどこか1か所に強力な工場が必要だという意味です。これは今後の大方針でもあります」

中国と同じものをASEANでも展開するのは大変だと思われるが、今回のSARSで、「やはり中国だけでは心配」と懸念する企業も出てきたのも事実だ。ただし、ASEANでもつくれるという形にしておくことが大事なのであって、必ずしも同じ機種をつくるということではない。大雑把に言えば、中国は普及品から中級品くらいまでで、ASEANは人件費やインフラが高いのでもう少し付加価値の高いものをつくらなければ割に合わない。要は、中国で何事か起こればASEANでもつくれるという対処が必要なのだ。

逆に、ASEANで通商摩擦や天変地異などの要因で生産がストップした場合には、いつでも中国でつくれるようにしておくということになる。すなわち、どちらでもカバーできるような体制を用意しておく準備が重要ということだ。

「現状の比重としては、中国で何かあった時のバックアップはASEANの工場で、という可能性の方が高いと思います」（少徳副社長）。

# 第2章

# グローバルの中の最適地生産

# 1 アジアで稼ぐ
## ——最適地生産に向かう事業再構築

### 海外事業の中のアジア

松下電器は2001年度（2002年3月期）に4310億円の連結赤字を出した。この時、マスコミも産業界も「松下の危機」とか「本当に松下は再生できるか」とさんざんこき下ろした。社内には危機感と焦燥感に包まれ、幹部以下、一般社員に至るまで「大変なことになった」と頬を硬直させた。その松下の転機はすぐにやってきた。

2003年度の経営方針で中村邦夫社長は「グローバル№1を目指す事業展開＝世界市場制覇に挑戦する」とグループ全社に檄を飛ばした。自信を失いかけていた社内の空気を一変させる効果を狙い、明確な目標を打ち出したのである。

活力というのは設定した目標に魅力や野心があって初めて動き出す。元来、具体的なスローガンを好む松下だけに、目標設定もわかりやすく簡潔にした。

まず第一に、「海外こそが成長エンジン」という方向性をはっきりと打ち出した。グローバルな時代にあって、海外事業は日を追うごとに重要性を増しているが、その海外事業の位置づけを改めて明確にした。しかも、数値目標も掲げられた。

「収益の60％以上を海外事業で確保する」というものだ。中でも中国での事業を加速し、「2005年には中国事業で1兆円を実現する」とした。

第二に、「V商品」（DVDプレーヤーやプラズマTVなどに代表される成長を牽引する商品）を先頭に、「グローバルに成長する松下の姿を社会に問う」というものだ。これは理念というよりは、あくまで松下ブランドのさらなる飛躍と受け取った方がいい。

第三に、「営業利益5％」、「売上げ8兆円台」である。ここでは売上げ8兆円台よりも営業利益5％の方が優先順位が高かった。

設定された目標の中で、誰もが注目するのは、やはり成長のエンジンである「海外事業」、とりわけダイナミックな成長を遂げている「中国事業」に多大なる期待がかかっている点だ。

この松下電器の成長のエンジン役と位置づけられる海外事業の現況は以下の通りだ。

松下電器の全従業員数は約29万人（2002年度ベース）だ。これを地域別に見てみると、日本は42％と半分を割っている。日本に次いでアジア大洋州が32％、以下中国・北東アジア11％、米州・欧州他15％となっている。

ちなみに、2001年度は国内約15万人、海外約15万人という半々の状況で、拮抗していたが、この年、国内で1万3000人のリストラを実施したために、海外従業員数の方が多くなった。

松下電器の海外会社数と海外従業員数の推移を10年ごとに見てみると、以下のようになる。

海外会社数

| | |
|---|---|
| 1963年 | 4社 |
| 1973年 | 42社 |
| 1983年 | 80社 |
| 1990年 | 125社 |
| 2002年 | 226社 |

海外従業員数

| | |
|---|---|
| 1973年 | 1万2071人 |
| 1983年 | 3万6037人 |
| 1990年 | 7万5682人 |
| 2003年 | 17万2033人（9月末） |

海外における会社数も従業員数も急カーブを描くように急増している。ちなみに、2003年9月末の国内従業員数は12万3513人であり、国内対海外の従業員比率は41・8対58・2となり、全体の6割近くが海外で働く松下マンということになる。

以下、数字ばかりが並んで恐縮であるが、海外事業の基本的な規模を見る上ではどうしても必要なものなので、列挙してみる。

2002年度松下電器の連結ベースでの販売規模は7兆4017億円である。これを地域別に見てみると次のようになる。

国内　47%
アジア大洋州　14%
中国・北東アジア　7%
米州　19%
欧州他　13%

このうち、海外販売高（2002年度連結ベース）は3兆9479億円である。これも地域別に見てみると、

アジア大洋州　26%
中国・北東アジア　13%
米州　36%
欧州他　25%

海外における製造会社の販売高は2兆1790億円（2002年度連結ベース）であり、地域別に見ると、

アジア大洋州　40%
中国・北東アジア　23%

米州・欧州他　　37％

アジア大洋州の製造会社の販売高だけを取り出してみると、８６４０億円（２００２年度連結ベース）になり、それを国別に見ると、

マレーシア　36％
シンガポール　27％
インドネシア　15％
フィリピン　13％
タイ　6％
その他　3％　（以上、為替レート1USドル＝115円）

これでもわかるように、マレーシアとシンガポールの2か国だけで6割強となっている。
また、海外事業の中でも中国の伸びは極めて高く、年々松下電器・海外事業の中に占める中国事業のポジションが大きくなってきているのがわかる。例えば、中国の従業員数は97年度が2万４０００人、２０００年度が4万人、ＳＡＲＳ騒ぎが起きた２００３年5月には5万人を超える規模になっていた。中国事業の規模は以下のような拡大ぶりを見せている。

1997年度　売上げ　2000億円　輸出600億円

２０００年度　売上げ　４０００億円　輸出８００億円
２００２年度　売上げ　４５００億円（輸出比率55％）
２００３年度　売上げ　５８５０億円（前年比30％増の予定）
２００５年度　売上げ　１兆円（目標）　輸出４０００億円（目標）

松下電器の海外事業における貢献は、１９７０年代から90年代にかけて長らくＡＳＥＡＮ地域（とくに、シンガポールとマレーシア）がダントツに大きかったが、90年代半ばから進出に拍車がかかった中国の貢献度が徐々に増し、ＡＳＥＡＮを追い抜く勢いで事業を成功させてきている。

「２００５年度の売上げ1兆円というのは、中国の製造会社が中国国内販売と輸出のために生産・販売する金額が1兆円ということです。つまり、日本、マレーシア、台湾などから中国に輸出して中国内で販売する金額は入っていません。例えば、まだ中国でつくれない半導体などがそれに含まれます。２０００〜３０００億円規模です。輸出40％の内訳は米国が3分の1強、次に日本が3分の1弱、残りは世界各国向けです。

松下電器は海外で60％以上の利益（連結営業利益）を目標としていますが、その中で一番稼いでいるのはアジア大洋州、次いで中国です。近いうちに、中国での利益がアジア大洋州に肩を並べるでしょう。２００６年には全社で連結営業利益率５％を目指しています」

こういうのは少徳副社長。

「中村（邦夫）社長は私の顔を見るたびに、海外60％、利益５％と言って煽っています（笑）」

## アジアで稼ぐ

２００３年6月19日と11月21日に日経新聞が興味あるデータを載せている。表（54、55ページ）を参照していただきたい。各地域別に見た２００２年度の営業利益ランキングである。米州、アジア・オセアニア、欧州、そして日本という区分である。日本企業全体で見ると、松下電器が海外で稼ぐ比率は56・6％で、第10位にランキングされている。上場企業全体では営業利益比率は約3割という現状だ。つまり、それだけ海外への依存度が高いことを示している。

米州では自動車3社（本田技研工業、日産自動車、トヨタ自動車）が断然リードして、4位には同じく自動車業界の三菱自動車が入っている。松下電器は9位である。米国で圧倒的な知名度を持つソニーはベスト20位にも入っていない。欧州は1位が日産自動車で、松下電器は僅差で2位になっている。

注目すべきはアジア・オセアニア地域だろう。1位にランクされたのは松下電器である。この地域における営業利益は７１０億円で、松下電器全体に占める比率は35％となっている。つまり、松下電器はアジアで3分の1強を稼いでいることになる。これは前述の海外販売高の比率とほぼ同じ傾向を示している。

## ２００３年9月中間決算

２００３年９月の中間決算を見ると、シャープ、三洋電機、ＮＥＣと並んで松下電器は好調組に入った。総じて、電機大手は復調感が強まった決算となった。その要因となったのは、薄型TV（液晶、プラズマ）、DVD、カメラ付き携帯電話などの情報家電である。

松下電器の純利益は対前年同期（2002年9月期）比で32％増だった。この利益に貢献したのは、これまで何度も指摘してきたように、二枚看板となったDVDレコーダーとプラズマTV、いわゆるデジタル機器である。

プラズマは茨木工場と上海工場の2か所で生産しているが、2004年度には欧州市場向けに東欧（チェコ）で生産を開始することが決まっている。

部品のプラズマパネルは日本と中国から輸出する。そのために、茨木第2工場の稼働を早めることになる。米国生産も検討に入っているようだ。こうした増強策で、松下電器のプラズマTVの生産は現在の40万台体制から80万台体制になる予定。

「これまで進めてきた構造改革（リストラやグループ・事業再編）の成果が出た」と中村社長は会見で語っている。

ただし、中間決算での営業利益は2・2％で、通期の連結売上げ予想も7兆4500億円と2003年度の経営方針で高々と掲げられた「営業利益5％、売上げ8兆円台」（2003年4月～2004年3月の通期）には残念ながら届かない。

2002年度の海外営業利益率の結果は前述したが、2003年9月期にはどうなったか。

松下電器が発表した決算報告によると、

**連結売上高　　3兆6397億円**

## 海外の連結営業利益の多い企業

| 順位 | 社名 | 海外営業利益(億円) | 増減率(%) | 全体に占める比率(%) |
|---|---|---|---|---|
| 1 (1) | ホンダ | 4,739 | 16 | 70 |
| 2 (2) | トヨタ自動車 | 3,462 | 27 | 25 |
| 3 (3) | 日産自動車 | 3,432 | 57 | 47 |
| 4 (21) | 松下電器産業 | 1,152 | 5.8倍 | 57 |
| 5 (4) | 三菱商事 | 863 | 59 | 85 |
| 6 (5) | 旭硝子 | 523 | 1 | 78 |
| 7 (7) | ローム | 506 | 31 | 53 |
| 8 (9) | リコー | 425 | 39 | 33 |
| 9 (14) | 三菱自動車工業 | 412 | 60 | 47 |
| 10 (11) | 富士写真フイルム | 394 | 39 | 21 |
| 11 (20) | デンソー | 365 | 83 | 23 |
| 12 (16) | ヤマハ発動機 | 364 | 66 | 53 |
| 13 (12) | 信越化学工業 | 360 | 30 | 29 |
| 14 (517) | 日立製作所 | 335 | --- | 18 |
| 15 (10) | 藤沢薬品工業 | 328 | 14 | 48 |
| 16 (48) | 日本たばこ産業 | 328 | 3.9倍 | 17 |
| 17 (6) | 東芝 | 327 | ▲22 | 27 |
| 18 (28) | 丸紅 | 302 | 2.0倍 | 41 |
| 19 (13) | 伊藤忠商事 | 271 | ▲0.3 | 27 |
| 20 (32) | オリンパス光学工業 | 251 | 93 | 35 |

(注)順位は2003年3月期、カッコ内は2002年3月期の順位。増減率、▲は減、---は算出できず。

## 各地域の営業利益が最も多い企業

| 地域 | 社名 | 海外営業利益(億円) | 増減率(%) | 全体に占める比率(%) |
|---|---|---|---|---|
| 米州 | ホンダ | 3,987 | ▲1 | 59 |
| アジア・オセアニア | 松下 | 710 | 58 | 35 |
| 欧州 | 日産 | 219 | 580 | 3 |

※日本経済新聞(2003年6月19日)より

## 海外営業利益比率ランキング

| 順位 | 社名 | 海外営業利益比率(%) |
|---|---|---|
| 1 | 三菱商事 | 85.1 |
| 2 | ミネベア | 83.8 |
| 3 | 旭硝子 | 77.5 |
| 4 | TDK | 75.5 |
| 5 | ホンダ | 70.0 |
| 6 | 三井物産 | 68.0 |
| 7 | マキタ | 64.7 |
| 8 | ショーワ | 57.9 |
| 9 | セイコーエプソン | 57.7 |
| 10 | 松下電器産業 | 56.6 |
| 11 | エフ・シー・シー | 55.9 |
| 12 | マブチモーター | 55.2 |
| 13 | 日本ビクター | 55.1 |
| 14 | 日本電産 | 54.3 |
| 15 | 大日本インキ化学工業 | 54.0 |
| 16 | ヤマハ発動機 | 53.4 |
| 17 | パイオニア | 53.2 |
| 18 | ケーヒン | 53.1 |
| 19 | 船井電機 | 52.9 |
| 20 | ローム | 52.6 |

(注)金融除く全国上場企業。連結営業利益に占める海外比率が高い順。
営業利益が100億円以上を対象。セグメント情報より。

※日本経済新聞(2003年11月21日)より

## 地域別営業利益ランキング

2003年3月期、単位億円、カッコ内は増減率%、▲は減、---は比較できず。

| 順位 | 営業利益 | 売上高 |
|---|---|---|
| **＜米州＞** | | |
| 1（1）ホンダ | 3,987（▲1） | 47,119 |
| 2（3）日産自 | 3,045（45） | 29,122 |
| 3（2）トヨタ | 2,897（9） | 62,626 |
| 4（4）三菱自 | 337（▲26） | 12,050 |
| 5（11）デンソー | 281（54） | 5,405 |
| 6（6）藤沢薬 | 265（19） | 1,069 |
| 7（9）信越化 | 233（26） | 2,069 |
| 8（13）ヤマハ発 | 231（72） | 3.805 |
| 9（371）松　下 | 225（---） | 13,904 |
| 10（10）富士写 | 192（4） | 4,942 |
| 11（16）菱地所 | 167（73） | 1,267 |
| 12（12）クボタ | 161（▲9） | 1,604 |
| 13（7）富士重 | 158（▲24） | 5,842 |
| 14（14）リコー | 143（25） | 3,395 |
| 15（15）パイオニア | 117（4） | 2,036 |
| 16（8）東　芝 | 117（▲39） | 8,047 |
| 17（5）任天堂 | 104（▲67） | 2,481 |
| 18（28）オリンパス | 101（73） | 1,856 |
| 19（17）大平洋セメ | 92（0） | 774 |
| 20（29）伊藤忠 | 86（48） | 6,867 |
| **＜アジア・オセアニア＞** | | |
| 1（1）松　下 | 710（58） | 18,374 |
| 2（2）三菱商 | 630（60） | 9,248 |
| 3（3）ローム | 492（31） | 2,513 |
| 4（4）旭硝子 | 266（8） | 2,171 |
| 5（5）東　芝 | 245（7） | 10,852 |
| 6（6）三菱電 | 231（32） | 3,848 |
| 7（73）ＴＤＫ | 206（1114） | 3,149 |
| 8（354）日　立 | 183（---） | 10,022 |
| 9（14）船井電 | 161（46） | 2,421 |
| 10（15）日電産 | 136（30） | 2,256 |
| 11（7）ミネベア | 124（▲29） | 2,090 |
| 12（19）デンソー | 123（63） | 1,858 |
| 13（12）三洋電 | 121（8） | 5,918 |
| 14（165）三菱自 | 119（2333） | 2,387 |
| 15（22）ダイキン | 110（77） | 972 |
| 16（21）ＨＯＹＡ | 109（53） | 562 |
| 17（8）太陽電 | 104（▲28） | 1,159 |
| 18（10）丸　紅 | 104（▲14） | 5,604 |
| 19（9）ミツミ | 99（▲20） | 1,733 |
| 20（13）味の素 | 93（▲16） | 982 |

| 順位 | 営業利益 | 売上高 |
|---|---|---|
| **＜欧州＞** | | |
| 1（21）日産自 | 219（580） | 9,902 |
| 2（229）松　下 | 217（---） | 9,393 |
| 3（1）旭硝子 | 194（▲19） | 2,584 |
| 4（2）リコー | 182（50） | 3,559 |
| 5（230）ホンダ | 141（---） | 8,245 |
| 6（9）インキ | 125（111） | 2,352 |
| 7（5）富士写 | 112（52） | 2,774 |
| 8（12）三菱商 | 103（104） | 5,087 |
| 9（14）オリンパス | 103（132） | 1,702 |
| 10（28）丸　紅 | 67（161） | 4,516 |
| 11（18）日　立 | 67（68） | 4,079 |
| 12（7）ダイキン | 65（▲6） | 946 |
| 13（4）山之内 | 61（▲19） | 987 |
| 14（16）ＨＯＹＡ | 61（44） | 345 |
| 15（3）味の素 | 59（▲26） | 916 |
| 16（8）ヤマハ発 | 58（▲4） | 2,161 |
| 17（19）ビクター | 57（57） | 2,215 |
| 18（53）マツダ | 54（465） | 3,216 |
| 19（10）藤沢薬 | 52（▲7） | 517 |
| 20（13）ブラザー | 46（▲1） | 1,008 |
| **＜日本国内＞** | | |
| 1（1）トヨタ | 10,328（19） | 112,652 |
| 2（2）日産自 | 3,905（35） | 43,204 |
| 3（3）武　田 | 2,850（▲0） | 8,793 |
| 4（4）ホンダ | 2,023（▲20） | 39,189 |
| 5（516）日　立 | 1,556（---） | 73,175 |
| 6（5）Ｊ　Ｔ | 1,549（0） | 38,340 |
| 7（6）富士写 | 1,458（4） | 18,980 |
| 8（7）デンソー | 1,232（9） | 17,306 |
| 9（13）三菱重 | 1,153（45） | 24,473 |
| 10（11）山之内 | 1,028（18） | 3,578 |
| 11（9）花　王 | 985（3） | 6,545 |
| 12（29）三菱化 | 942（75） | 16,138 |
| 13（14）菱地所 | 924（17） | 5,319 |
| 14（517）東　芝 | 897（---） | 49,431 |
| 15（25）セコム | 884（51） | 5,123 |
| 16（518）松　下 | 882（---） | 51,404 |
| 17（12）信越化 | 871（0） | 5,763 |
| 18（8）リコー | 861（▲19） | 12,749 |
| 19（18）任天堂 | 857（32） | 4,826 |
| 20（10）三　共 | 850（▲5） | 4,947 |

（注）金融と新興市場を除く全国上場企業で、2期連続して地域別連結営業損益を開示した519社。決算短信で開示された地域区分に基づき、分類した。順位のカッコ内は2002年3月期順位

※日本経済新聞（2003年6月19日）より

うち海外売上高　1兆9634億円（54%）

海外売上高比率54%の内訳は、

米州　19%
欧州　14%
アジア・中国他21%

これは2002年度通期の比率と殆ど変わりがない。

グローバル戦略については、中間決算時に経営方針の中で次のような位置づけにあると確認された。

1　引き続き海外事業を「成長のエンジン」役とする
2　海外売上げの増加とともに、連結営業利益の60%以上を海外事業で確保する
3　グローバルな最適地生産体制を築く
4　戦略製品の世界同時発売と垂直立ち上げを本格化させ、販売拡大を図る
5　中国事業での「現地化」、「集約化」、「協業化」を進め、2005年度に約1兆円の事業規模を目指す

これまでの松下電器の基本戦略に大きな変更はなく、継続的に『創生21』を推進していく報告であ

った。

## ＴＣＬとの提携

２００２年４月、松下電器は中国第２位のＴＣＬと提携した。提携内容は、

1　ブラウン管、プラズマ、コンプレッサーなど松下電器のキー・デバイスをＴＣＬに供給する
2　ＴＣＬは自らの販売網を通じて松下電器製品の中国国内販売に協力する
3　松下電器はＴＶなどの製品をＴＣＬブランドで供給する一方で、日本市場向けの松下製品をＴＣＬに生産委託する形の相互補完を行う
4　ＤＶＤなど先端ＡＶ技術商品の共同開発を行う

などが盛り込まれている。

松下電器は沿海部には販売網を築いてきたが、内陸部は手薄であることから、ＴＣＬの中国国内拠点網を活用することになる。一方、ＴＣＬは松下が得意とするＡＶ機器などの先端技術を手に入れることができる。双方の不足する部分を補い合う提携となる。

ＴＣＬはカラーＴＶ、ＡＶ製品、白物家電、インターネット関連製品（パソコン、携帯電話）など多種多様の電機・電子製品を扱う総合家電メーカー。２００３年の売上高は約４００億元（約５６００億円）。ＴＣＬの母体は１９８０年設立の恵陽地区電子工業公司（広東省恵州市）で、以降、さ

2003年度（第97期）決算概要　2004年4月28日

【連結業績】

（単位：億円）

| 項目＼期間 | 2003年度 | 2002年度 | 前年比 |
|---|---|---|---|
| 売上高 | 74,797 | 74,017 | 101% |
| 国内 | 34,775 | 34,538 | 101% |
| 海外 | 40,022 | 39,479 | 101% |
| 営業利益 | 1,955<br>（2.6%） | 1,266<br>（1.7%） | 154% |
| 税引前利益 | 1,708<br>（2.3%） | 689<br>（0.9%） | 248% |
| 当期純利益（△は損失） | 421<br>（0.6%） | △195<br>（△0.3%） | — |
| 基本的1株当たり<br>当期純利益（△は損失） | 18円15銭 | △8円70銭 | 26円85銭 |
| 希薄化後1株当たり<br>当期純利益（△は損失） | 18円00銭 | △8円70銭 | 26円70銭 |

（注）1.連結決算は米国会計基準に準拠している。
2.連結対象会社数（親会社及び連結子会社）372社　持分法適用会社数59社

【単独業績】

（単位：億円）

| | | | |
|---|---|---|---|
| 売上高 | 40,814 | 42,378 | 96% |
| 国内 | 24,406 | 27,172 | 90% |
| 輸出 | 16,407 | 15,206 | 108% |
| 営業利益 | 469<br>（1.2%） | 528<br>（1.2%） | 89% |
| 経常利益 | 1,052<br>（2.6%） | 801<br>（1.9%） | 131% |
| 当期純利益 | 594<br>（1.5%） | 288<br>（0.7%） | 206% |
| 1株当たりの当期純利益 | 25円52銭 | 12円80銭 | 12円72銭 |
| 潜在株式調整後<br>1株当たりの当期純利益 | 25円18銭 | — | — |

（注）1.億円未満は、切り捨て表示。
2.2002年度の潜在株式調整後1株当たり当期純利益は、希薄化しないため記載していない。

## 松下電器産業【連結】商品部門別売上高

（単位：億円）

| 部門 | | 2003年度（構成比） | 2002年度（構成比） | 前年比 |
|---|---|---|---|---|
| | 映像・音響機器 | 14,181（19%） | 13,977（19%） | 101% |
| | 情報・通信機器 | 22,060（29%） | 21,138（29%） | 104% |
| AVCネットワーク | | 36,241（48%） | 35,115（48%） | 103% |
| アプライアンス | | 11,891（16%） | 11,841（16%） | 100% |
| デバイス | | 11,424（15%） | 11,938（16%） | 96% |
| 日本ビクター | | 8,027（11%） | 8,280（11%） | 97% |
| その他 | | 7,214（10%） | 6,843（9%） | 105% |
| 合計 | | 74,797（100%） | 74,017（100%） | 101% |
| 内訳 | 国内売上高 | 34,775（46%） | 34,538（47%） | 101% |
| 内訳 | 海外売上高 | 40,022（54%） | 39,479（53%） | 101% |

（地域別海外売上高内訳）

| | | | |
|---|---|---|---|
| 米州 | 13,269（18%） | 14,208（19%） | 93% |
| 欧州 | 10,801（15%） | 9,996（13%） | 108% |
| アジア・中国他 | 15,952（21%） | 15,275（21%） | 104% |
| 合計 | 40,022（54%） | 39,479（53%） | 101% |

（2003年度　国内・海外売上高内訳）

| 部門 | | 国内売上高 | 前年比 | 海外売上高 | 前年比 |
|---|---|---|---|---|---|
| | 映像・音響機器 | 4,132 | 101% | 10,049 | 102% |
| | 情報・通信機器 | 10,770 | 104% | 11,290 | 104% |
| AVCネットワーク | | 14,902 | 103% | 21,339 | 103% |
| アプライアンス | | 7,634 | 100% | 4,257 | 102% |
| デバイス | | 4,632 | 100% | 6,792 | 93% |
| 日本ビクター | | 2,442 | 92% | 5,585 | 99% |
| その他 | | 5,165 | 100% | 2,049 | 122% |
| 合計 | | 34,775 | 101% | 40,022 | 101% |

（注）当年度より商品部門別区分を変更し、「AVCネットワーク」「アプライアンス」「デバイス」「日本ビクター」「その他」に分けて開示。2002年度の連結商品部門別売上高は、2003年度の表示に合わせて組み替え表示。

## 松下電器産業【単独】商品部門別売上高

（単位：億円）

| 部門 | | 2003年度（構成比） | 2002年度（構成比） | 前年比 |
|---|---|---|---|---|
| | 映像・音響機器 | 7,259（18%） | 7,382（17%） | 98% |
| | 情報・通信機器 | 10,886（26%） | 13,297（32%） | 82% |
| AVCネットワーク | | 18,146（44%） | 20,680（49%） | 88% |
| アプライアンス | | 7,404（18%） | 7,318（17%） | 101% |
| デバイス | | 8,827（22%） | 8,321（20%） | 106% |
| その他 | | 6,435（16%） | 6,059（14%） | 106% |
| 合計 | | 40,814（100%） | 42,378（100%） | 96% |
| 内訳 | 国内売上高 | 24,406（60%） | 27,172（64%） | 90% |
| | 輸出売上高 | 16,407（40%） | 15,206（36%） | 108% |

（地域別輸出売上高内訳）

| | | | |
|---|---|---|---|
| 米州 | 4,105（10%） | 4,234（10%） | 97% |
| 欧州 | 3,283（8%） | 2,980（7%） | 110% |
| アジア・中国他 | 9,018（22%） | 7,991（19%） | 113% |
| 合計 | 16,407（40%） | 15,206（36%） | 108% |

（2003年度 国内・輸出売上高内訳）

| 部門 | | 国内売上高 | 前年比 | 輸出売上高 | 前年比 |
|---|---|---|---|---|---|
| | 映像・音響機器 | 4,123 | 102% | 3,136 | 94% |
| | 情報・通信機器 | 6,207 | 72% | 4,679 | 101% |
| AVCネットワーク | | 10,330 | 81% | 7,816 | 98% |
| アプライアンス | | 6,424 | 101% | 979 | 103% |
| デバイス | | 5,316 | 103% | 3,511 | 111% |
| その他 | | 2,335 | 79% | 4,100 | 132% |
| 合計 | | 24,406 | 90% | 16,407 | 108% |

（注）当年度より商品部門別区分を変更し、「AVCネットワーク」「アプライアンス」「デバイス」「その他」に分けて開示。2002年度の商品部門別売上高は、2003年度の表示に合わせて組み替え表示。

## 松下電器産業【連結】セグメント情報

### 事業の種類別

（単位：億円）

| | 2003年度 | | | | | 2002年度 | | |
|---|---|---|---|---|---|---|---|---|
| | 売上高 | 前年比 | 営業利益 | 利益率 | 前年比 | 売上高 | 営業利益 | 利益率 |
| AVCネットワーク | 38,403 | 105% | 1,291 | (3.4%) | 156% | 36,682 | 828 | (2.3%) |
| アプライアンス | 12,232 | 102% | 527 | (4.3%) | 117% | 11,975 | 452 | (3.8%) |
| デバイス | 16,597 | 97% | 501 | (3.0%) | 161% | 17,097 | 312 | (1.8%) |
| 日本ビクター | 8,190 | 96% | 247 | (3.0%) | 113% | 8,515 | 219 | (2.6%) |
| その他 | 9,487 | 116% | 147 | (1.5%) | 113% | 8,191 | 131 | (1.6%) |
| 計 | 84,909 | 103% | 2,713 | (3.2%) | 140% | 82,460 | 1,942 | (2.4%) |
| 消去又は全社 | △10,112 | — | △758 | — | — | △8,443 | △676 | — |
| 連結決算 | 74,797 | 101% | 1,955 | (2.6%) | 154% | 74,017 | 1,266 | (1.7%) |

（注）1. 事業区分の方法
当年度より、経営管理単位を事業ドメイン会社毎のグローバル連結ベースに変更することに伴い、内部管理と開示ベースの整合性を図り、よりオープンなディスクロージャーを実施するために、当社の事業を、「AVCネットワーク」「アプライアンス」「デバイス」「日本ビクター」「その他」に区分している。従って、2002年度のセグメント情報は、2003年度の表示に合わせて組み替え表示している。

2. 区分の主な構成
○AVCネットワーク：パナソニック AVCネットワークス社・パナソニック コミュニケーションズ（株）・パナソニック モバイルコミュニケーションズ（株）パナソニック オートモーティブ システムズ社・パナソニック システムソリューションズ社・松下寿電子工業（株）
○アプライアンス：ホームアプライアンスグループ・ヘルスケア社・照明社・松下エコシステムズ（株）
○デバイス：半導体社・松下電池工業（株）・松下電子部品（株）・モータ社
○日本ビクター：日本ビクター（株）
○その他：パナソニック ファクトリーソリューションズ（株）・松下産業情報機器（株）

3. 基礎的試験研究費及び親会社の本社管理部門の係る費用を配賦不能営業費用とし、「消去又は全社」の項目に含めて表示している。

### 所在地別

（単位：億円）

| | 2003年度 | | | | | 2002年度 | | |
|---|---|---|---|---|---|---|---|---|
| | 売上高 | 前年比 | 営業利益 | 利益率 | 前年比 | 売上高 | 営業利益 | 利益率 |
| 日本 | 55,111 | 107% | 1,318 | (2.4%) | 150% | 51,404 | 882 | (1.7%) |
| 米州 | 12,972 | 93% | 233 | (1.8%) | 104% | 13,904 | 225 | (1.6%) |
| 欧州 | 10,273 | 109% | 163 | (1.6%) | 75% | 9,393 | 217 | (2.3%) |
| アジア・中国他 | 21,764 | 118% | 897 | (4.1%) | 126% | 18,374 | 710 | (3.9%) |
| 計 | 100,120 | 108% | 2,611 | (2.6%) | 128% | 93,075 | 2,034 | (2.2%) |
| 消去又は全社 | △25,323 | — | △656 | — | — | △19,058 | △768 | — |
| 連結決算 | 74,797 | 101% | 1,955 | (2.6%) | 154% | 74,017 | 1,266 | (1.7%) |

## 松下電器産業【連結】企業集団等の状況

### 企業集団等の概況

松下電器グループが営んでいる主な事業内容と、各関係会社等の当該事業に係る位置付け及び事業の種類別セグメントとの関連は、次の通り。

松下電器グループは、当社及び連結子会社３７１社を中心に構成され、総合エレクトロニクスメーカーとして関連する事業分野について国内外のグループ各社との緊密な連携のもとに、生産・販売・サービス活動を展開。その製品の範囲は、電気機械器具のほとんどすべてにわたっており、「AVCネットワーク」、「アプライアンス」、「デバイス」、「日本ビクター」、「その他」の５事業区分から構成されている。

### 事業の系統図

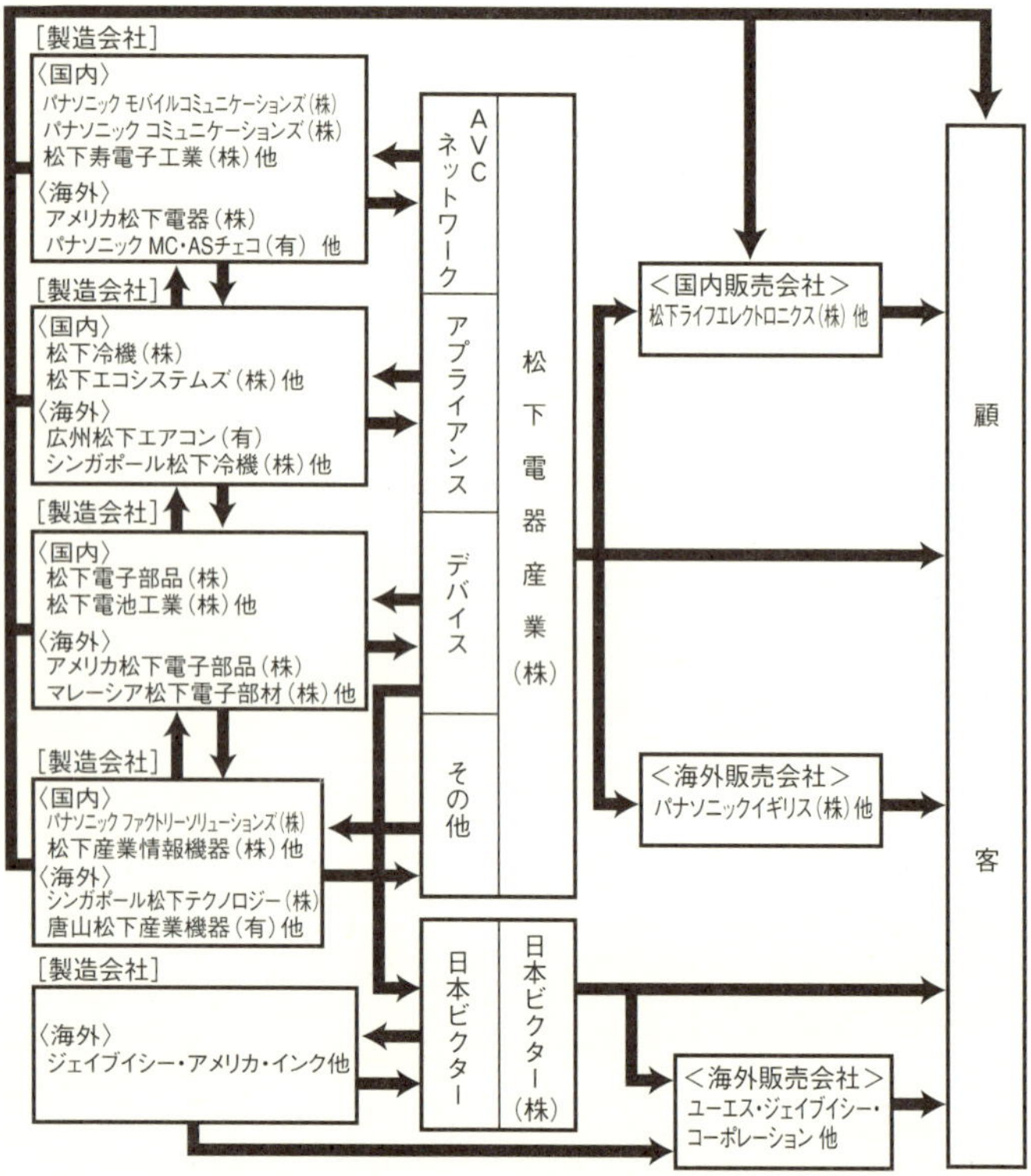

## 主要商品実績

商品別に第三者への外販を集計したものであり、組織をベースとした事業の種類別セグメントの売上げとは一致しない。

2003年度　（単位：億円）

| 商品部門別 | 商品名 | 売上高 | 前年比 |
|---|---|---|---|
| AVCネットワーク | ビ　デ　オ | 2,261 | 82% |
| | テ　レ　ビ | 4,526 | 99% |
| | PDPテレビ | 1,267 | 157% |
| | DVDプレーヤー* | 1,510 | 127% |
| | 音　響　機　器 | 2,846 | 93% |
| | 情　報　機　器 | 12,632 | 100% |
| | 通　信　機　器 | 9,428 | 110% |
| | 内　移動体通信 | 5,360 | 122% |
| アプライアンス | エ　ア　コ　ン | 1,980 | 99% |
| | 冷　蔵　庫 | 1,015 | 99% |
| デバイス | 一般電子部品 | 3,555 | 95% |
| | 半　導　体** | 4,800 | 111% |
| | 電　　池 | 3,050 | 99% |
| 日本ビクター*** | 民　生　用　機　器 | 6,381 | 95% |
| | 産　業　用　機　器 | 675 | 95% |
| | 電子デバイス | 620 | 130% |
| | ソフト・メディア | 1,480 | 88% |
| その他 | F　A　機　器 | 1,593 | 137% |

*　DVDレコーダーを含む
**　半導体の数字は、生産ベースで記載
***　日本ビクター発表ベースで記載

## ＰＤＰの垂直立ち上げ

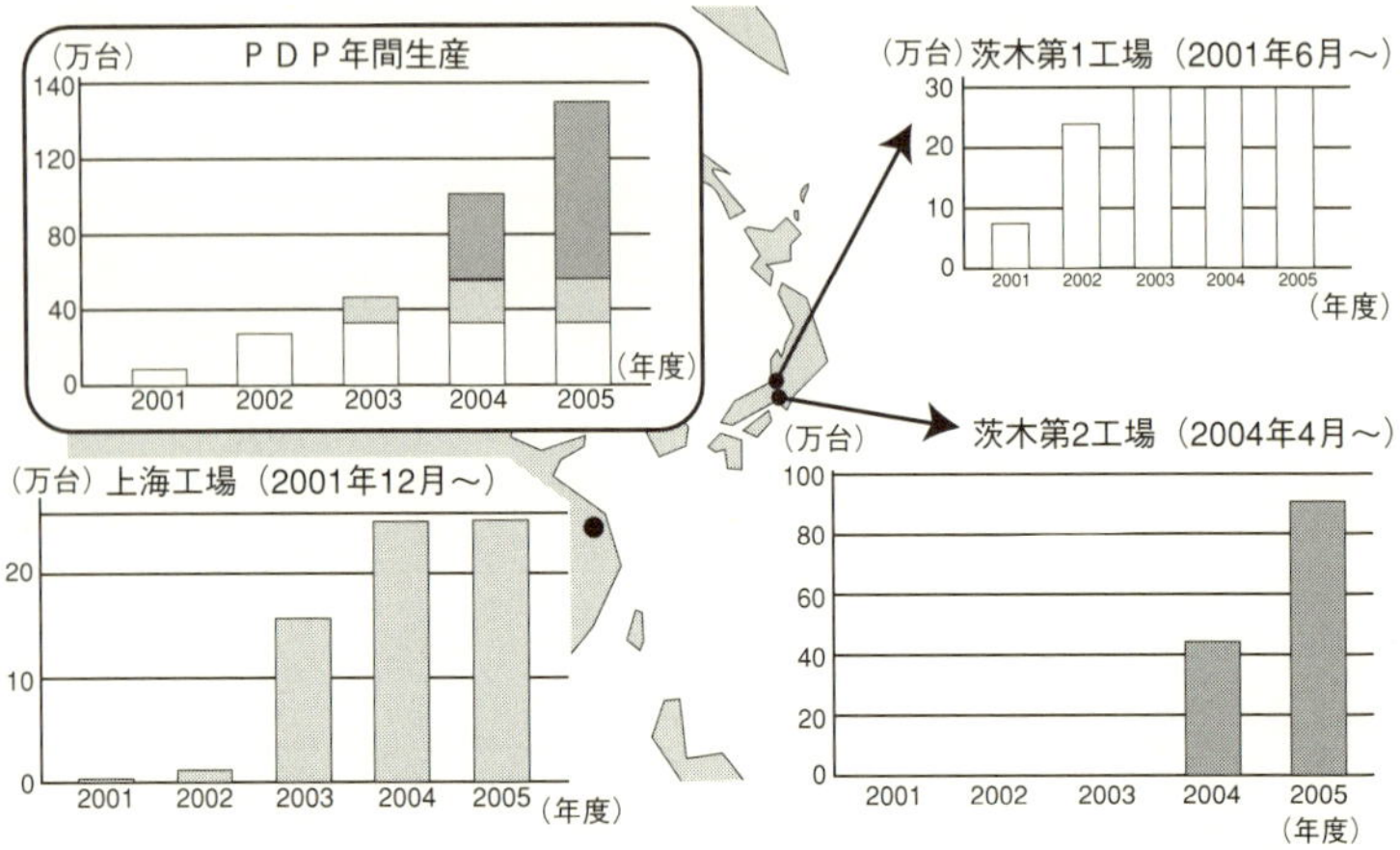


資料：松下電器発表の「2003年度上期決算概要」より

## 主要ドメイン会社の概況

| | ＰＡＶＣ社* | ＰＣＣ** | ＰＭＣ** |
|---|---|---|---|
| 売上 | 5,813億円 | 2,445億円 | 2,876億円 |
| 営業利益 | 140億円 | 57億円 | 98億円 |
| （利益率） | （2.4%） | （2.3%） | （3.4%） |
| 設備投資 | 115億円 | 53億円 | 35億円 |

*　ＰＡＶＣ社のデータには､ディスプレイデバイス部門及び国内外の販売部門の売上げ・利益などは含まれていない。

**　ＰＣＣ・ＰＭＣのデータには、一部海外の販売部門の売上げ・利益などは含まれていない。

資料：松下電器発表の「2003年度上期決算概要」より

まざまな資本受け入れと同時に資本参加（買収と提携）も重ね、現在のＴＣＬ集団を形成するに至っている。

２００２年１月の三洋電機とハイアール（海爾）の提携発表を聞いた業界関係者はアッと驚いた。広範囲な内容での業務提携が盛り込まれていたからだ。共同開発した家電製品をハイアール・ブランドで日本販売する点にも注目された。そのための販売合弁会社、三洋ハイアールも設立されている。

松下電器とＴＣＬの提携は、この三洋電機・ハイアールに続く２番目の日中家電メーカー間の大型提携となった。三洋電機・ハイアールの提携と松下電器・ＴＣＬの提携の間の大きな違いと言えば、松下電器がＴＣＬブランドでの日本販売にまで踏み込まなかった点であろう。この違いが今後どのような結果を生むかは、まだ誰もわからない。

ネット家電分野では三洋電機とハイアールに加え、韓国サムスン電子（２００３年売上げも加わってお互いに接続可能な日中韓の３国ネット家電の製品化を目指している。また、三洋電機・三菱電機・東芝・シャープの４社はネット家電の制御ソフトの開発で連合を組む。松下電器と日立製作所が同様の技術開発で提携しているが、４社の連合はこれに対抗する形となっている。

デジタル次代に向けた技術開発費は１社ではなかなか耐えきれない部分もあり、今後は企業間の連携の組み合わせと競争がジグソーパズルさながらに展開されるものと思われる。

## 2 ミニ松下の解体、そして海外4極新体制へ
### ――1930年代からアジアに進出

**最初のアジア進出は奉天出張所**

松下電器は戦前、既に中国、インドネシア、フィリピンなど海外に事業進出している。主な事業活動を抜粋して年表式に記してみると……。

1918年（大正7年）3月　松下幸之助が松下電気器具製作所を設立。
1929年（昭和4年）3月　松下電器製作所に改称。
1932年4月　松下電器製作所に貿易部を設置。
1935年2月　松下電器製作所・貿易部を輸出部に改称。
1935年4月　中国に松下電器製作所・奉天（現在の遼寧省瀋陽）出張所を設置。
1935年8月　松下電器製作所・輸出部を松下電器貿易として独立させる。
1935年12月　松下電器製作所は株式組織に改組し、松下電器産業となる。
1936年9月　松下電器産業・奉天出張所が松下電器貿易・奉天駐在員事務所となる。

1937年3月　松下電器貿易・大連駐在員事務所を設置。
1937年5月　松下電器貿易・新京（現在の吉林省長春）駐在員事務所を設置。
1938年9月　満州松下電器を設立。これにより奉天・大連・新京の駐在員事務所を満州松下電器に事務移管。
1938年10月　松下電器貿易・上海出張所を設置。
1938年11月　天津松下乾電池公司を設立。
1939年8月　海外初の生産工場となる松下乾電池・上海工場を開設（40年4月に松下電業になる）。
1941年7月　松下電器貿易・天津出張所を設置。天津松下乾電池公司の業務を継承。
1942年1月　松下電器貿易、北京と青島に駐在所を設置。
1942年10月　松下乾電池・ジャワ工場（インドネシアのジャカルタ）を開設。
1942年10月　台湾松下無線を設立。
1942年12月　満州無線工業を設立。
1943年4月　松下電器産業・電球事業部マニラ工場を開設。
1943年5月　松下電業・漢口工場を開設。
1944年9月　台湾松下無線を閉鎖。
1945年11月　日本の敗戦（8月）により満州松下電器、松下乾電池・上海工場、同ジャワ工場、満州無線工業、松下電器産業・電球事業部マニラ工場、松下電業・漢口工場などが閉鎖され、外地の工場・営業拠点39か所がいずれも接収される。

1932年に貿易部が設置されているが、その背景について松下電器・社史編纂室の圓越淨参事は次のように解説する。

「海外の販売の可能性を調査する目的もありましたが、自分たちでつくった製品を自分たちで売りたいということでした。当時、輸出は外国商館などを通じるのが一般的で、電機メーカーが自ら専門の輸出部門を持つことは稀でした」

乾電池工場が上海（39年）やジャワ（42年）にできたのは、日本軍のアジア進駐と関わりがある。当時、日本軍は通信機器を多用していたことから、通信機器用乾電池の需要があったためである。いわば、軍需用だ。もちろん、民生用の乾電池需要もあり、幅広く使われた。こうした乾電池工場も日本の敗戦と同時にことごとく接収された。すべてを置いて日本に引き揚げ、松下電器のアジア進出もこれで幕を閉じたのである。

## 60年代にアジア展開積極化

戦後間もなく、松下電器は輸出・輸入業務を開始している。本格的に海外に目を向けるきっかけになったのは敗戦から6年後の1951年1月に松下幸之助が初めて海外に渡航したことだ。行き先は米国。米国の産業運営を学び、同時に米国市場向け商品の調査のためであった。この年10月、幸之助は再渡米、さらに初渡欧も果たしている。

52年松下電器（65％）とフィリップス社（35％）の合弁会社、松下電子工業を設立（この松下電子工業は93年に松下電器100％子会社となり、2001年には半導体社と照明社に分社化した）。55

年に輸出用スピーカー「8P－W1」に「PANASONIC」を愛称として使用。そして、戦後初の海外販売会社となる米国松下電器が59年に設立された。

アジア地域で最初に拠点が設けられたのはタイである。61年にナショナル・タイが設立され、戦後初の海外製造会社となった。乾電池の生産が主な内容だった。タイ向けには乾電池やテレビなどを輸出していたが、現地生産への転換を余儀なくされたのであった。

現地生産するに当たっては合弁パートナーが必要であったために、それまで松下電器製品を扱っていた輸入代理店のシューと組んだのである。

このナショナル・タイを皮切りに、60年代は輸出代替として現地生産に移行する形が進んだ。62年台湾松下電器、65年マレーシア松下電器、66年台松工業、67年プレシジョン・エレクトロニクス・コーポレーション（PEC、後のフィリピン松下電器）、68年オーストラリア松下電器が設立されている。

とくに、64年1月は松下電器として積極的に海外進出を推進する海外経営局（その責任者に高橋荒太郎副社長が就く）が社内に組織され、この中に海外事業本部が設立された。これをきっかけに、海外合弁事業に拍車がかかった。

70年代に入ってもこのスタイルは続き、加えて再輸出拠点としての機能が展開された。70年にナショナル・ゴーベル、71年ベトナム・ナショナル〔75年サイゴン陥落のために解消、96年にベトナム松下（現パナソニックAVCネットワークス・ベトナム）として再スタート〕、以降もシンガポール、マレーシア、インド、韓国などに次々と製造合弁会社、販売合弁会社が設立されていったのである。

合弁パートナーは大抵がナショナル・タイのケースと同じように、松下の現地代理店を務めていた現地企業家が多かった。

台湾松下電器は洪健全、ＰＥＣはＪ・Ｄ・ロザリオ、ナショナル・ゴーベルはゴーベル、ベトナム・ナショナルはナム、インド・ナショナルはレディ、ラカンパル・ナショナルはラカンパル、韓国ナショナル（80年解消）は金向珠、という具合だ。

60年代の輸出代替で現地生産に移行した理由は、文字通り、輸出相手国が日本からの輸入を制限し、現地生産を促す政策に打って出たためである。

70年代にはニクソンショック（71年）による円の変動相場制移行で日本からの米国向け輸出に為替リスクが伴うようになり（1ドル＝360円から徐々に切り上がっていった）、同時に米国で日本からの大量輸入に批判が出始めたこともあり、その回避策としてアジア諸国でつくり、そこから輸出するというスタイルに変化したわけである。

## 急ピッチで進んだＡＳＥＡＮシフト

１９８０年代は現地生産の飛躍的拡大が見られた。とくに、85年のプラザ合意による円高基調はアジアからの再輸出を定着させ、同時に日本への持ち帰りを拡大させた。

88年それまで貿易部門を専門分野とする松下電器貿易が松下電器と合併し、一体化した。この間、80年代中盤以降は東南アジアでの拠点設立が際立っている。

87年マレーシア3社（コンプレッサー・モータ、ファンドリー、電子部材）とシンガポールに2社（松下壽、松下電送）。88年はフィリピン松下通信工業（フロッピーディスク）、タイ松下冷機、マレーシア松下テレビ、インド松下電化機器（炊飯器）、89年は松下エアコン・マレーシア、アジア松下電器

（地域統括会社）などが設立されている。

90年代に入ると、グローバル経営体制の構築が見られ、R＆Dの設立などに代表されるように現地化がより進み、そのために現地での地域統括機能が必要になった。

「この頃に、日本を核としながら、現在のような米州・欧州・アジア大洋州・中国の海外4極の地域統括制の確立が徐々に出来上がってきました」（前出の圓越参事）。

また、少量多品種の複品生産を行う〈ミニ松下〉（※）のBPR（Business Process Re-engineering）、つまり事業構造の改革も96年から行われた。

それは、AFTA（アセアン自由貿易地域）の発効を前に、関税で守られることを前提にした小ロットの複品生産を止め、競争に打ち勝てるような事業に集約したことである。関税の壁が低くなれば生産しても割に合わないものは解体することになる。

手始めはナショナル・タイであった。乾電池、カーオーディオ、電子部品、ファンなどへの分社化を実施したのである。同じように、〈ミニ松下〉だった、APナショナル（タイ）、マレーシア松下電器、ナショナル・ゴーベル（インドネシア）、フィリピン松下電器、台湾松下電器でも同様の事業組織の見直しが行われた。

例えば、生産品目の見直しでは、APナショナルでエアコン生産を中止、マレーシアからの輸入に振り替えている。この時、APナショナルのエアコン生産規模は年間1万台だった（移転先の松下エアコン・マレーシアは年間180万台）。台湾ではエアコン用コンプレッサーの生産を中止、マレーシアからの輸入とした。

※ミニ松下とは、60～70年代に進出先国で複数の家電製品・部品をつくる形の海外拠点。まさに松下電器のミニチュア版である。その国が実施する高関税政策に守られるので、少量生産でも十分にやってこれた。しかし、貿易の自由化によって競争力のある輸入品の登場により、多品種少量生産では太刀打ちできなくなった。そこで、それぞれ収益管理の厳しい本社事業部からの出資に切り替え（松下では内部投資制度と呼んだ）、責任関係を明確にした。

これらの再編によって、ＡＳＥＡＮの中での最適地での最適生産が進められることになった。これは森下社長（当時）の唱える「グローバルの中の最適地生産」という考えに基づくものであった。ただし、この調整はなかなか大変だったようで、生産品目の調整はかなり難航したようだ。（しかし、２００１年度からはその本体の事業部さえも解体され、新たに14事業ドメインがつくられた。海外拠点もそれに沿った形で責任事業ドメインのもとに再結集することになった。この新体制はまず２００３年１月に一部が実施され、本格的には２００３年４月からスタートした）

## 中国展開の幕開け

１９７０年代後半からは中国との関係が身近になってきた。既に記述済みであるが、78年に鄧小平氏が松下電器の茨木工場（カラーＴＶ）を訪問したことから、中国事業への扉が開くことになったのである。87年9月北京・松下彩色顕像管有限公司（ＢＭＣＣ）の設立からはや16年。この間に43製造を含む53拠点が設立されるに至ったのである。

とくに92年から94年にかけて中国での事業が急ピッチで展開することになる。それは、社会主義市場経済の波に乗り、日本企業の中国投資を先取りする形で推し進められた。その結果、現在の53拠点というとんでもない数の会社ができあがってしまったのである。

90年代に松下電器の海外現法は110社程度設立されているが、そのうちの約4割は中国である。この事実を考えれば、いかに中国市場を重視し、中国での事業展開が集中的に行われたかがわかる。そして、進出目的も当初の中国からの輸出という形態から、将来の大市場と睨んだ中国国内市場へのアプローチに突き進むことになったのである。もちろん、その背景には中国当局の政策も考慮に入れなければならなかった。初期段階での中国の外資政策は輸出志向業種の投資を呼び込み、外貨獲得に貢献させるというものであった。その後、国内販売への規制が解禁されるにつれ、中国向け製品の製造販売に移行していった。

94年8月、松下電器は事業支援会社という事業内容を持つ合弁会社、松下電器（中国）有限公司を設立。これが後に独資化（現MC）し、中国さらには韓国も含む中国・北東アジア地域の統括機能を併せ持つ地域統括会社となった。これが「中国にもう一つの松下電器をつくる」と言われ出した所以である。

同じようにアジア大洋州の統括会社であるアジア松下電器（MA）が89年4月シンガポールに設立されている。

従って、ここで統括会社としては先発の米国松下電器＝米州、欧州松下電器＝欧州に加え、松下電器（中国）＝中国・北東アジア、アジア松下電器＝アジア大洋州という4か所の地域統括会社が出揃うことになった。

今後、海外においてはこの4地域統括会社が松下電器本社を代行する形で、地域事業の統括、現地法人への出資及び販売業務などすべての面にわたって面倒を見ることになる。

第3章

# 14ドメイン体制への再編

# 1 アジア事業の強化推進
## ――世界の勝ち組になるために

### 14ドメインとアジア142拠点

松下電器には2003年4月1日からスタートした14ドメイン（第6章に詳述）の他に地域本部という組織がある。中国・香港・台湾・韓国を「中国・北東アジア本部」、ASEANを中心に西はインド、東は豪州・ニュージーランドまでを「アジア大洋州本部」としている。中国・北東アジア本部が管轄する国には68社、アジア大洋州には74社、この2本部だけで142社がある（2003年10月20日時点）。

この14ドメインとアジア142社の拠点の位置づけについては以下の通りだ。

松下電器は2002年10月1日、子会社であった5社（松下通信工業、松下精工、松下寿電子工業、九州松下電器、松下電送システム）を松下電器100％出資にして完全子会社化した。5社のうち、松下電送システムを除く4社は上場企業であった。子会社化した後、2003年4月1日からは組織を14の事業ドメイン会社に変更している（ドメイン＝domainとは事業領域のことを指す）。

この背景には、松下電器本体とこれら5つの子会社との間で事業領域に重複があったからだ。例えば、松下電器とこの5社との間では同じような商品をお互いがつくっているケースがあった。複数の工場で研究・開発するだけでなく、それぞれが金型などの設備も個別に投資していたのだ。しかも、出来上がった商品は市場で競争するハメになった。

商品を購入するユーザーにすれば、「同じ松下電器グループなのに、どう違うんだ」というケースもあったわけである。このスタイルは右肩上がりの高度成長時にはお互いの切磋琢磨と競争がプラスに働いたこともあったが、昨今の厳しい経済環境下では重複は無駄でしかない。

とくに最近は競争の対象がグローバルになり、製品開発のスピードが命となっており、開発→製造→市場までのスピードが要求される。この趨勢に対処するには組織全体で新しい事業領域を再定義することが必要だったのである。その結果が14のドメイン会社への組織変更であった。

国内の組織を14ドメイン会社に変身させると同時に、海外法人の改革にも手をつけた。それは、米国（米州）、英国（欧州）、シンガポール（アジア大洋州）、中国（中国・北東アジア）の海外4拠点に地域統括会社を置いたことだ。

海外部門は5地域本部（米州、欧州、CIS／中近東／アフリカ、アジア大洋州、中国・北東アジア）に分かれている。既に米州と欧州には統括会社が設置されており、早い時期から統括機能を有していたが、この二つの地域統括機能をさらに現地化して強化した。

これまで十分に現地化できていなかったアジア大洋州、中国・北東アジアの地域にも統括会社を置き、地域統括機能の現地化を行い、本部長（中国・北東アジア本部長、アジア大洋州本部長）も現地に駐在することになった。

日本本社に地域本部の名前は残っているものの、実態は海外地域本部のいわば〈日本連絡事務所〉

的な位置づけとなった。つまり、それくらい現地への権限委譲が進んだのである。ただし、CIS／中近東／アフリカはまだ現地生産展開が少ないので、現地に統括会社を置かず、日本の本社からカバーすることになった。

地域統括会社は持株会社として、大きく3つの役割を有している。1点目は、ブランドマネジメント・リスクマネジメント・域内行政など地域でのコーポレート代表としての役割。2点目は地域成長戦略（市場責任）の遂行。そして、3点目が広報・知財・情報システムなど地域でのドメイン支援。この3つの役割を地域における本社代行会社として果たしていくというものだ。

## 出資切り替えで組織の強化

地域統括会社が本社に成り代わって海外会社への出資も行われることになった。海外では松下電器100％出資会社もあれば、松下電器と海外法人あるいは現地会社が分担して出資してつくった会社もある。これらの会社に対して各4拠点の統括会社が傘下の製造・販売会社に出資することになる。そのためには、まず4拠点の地域統括会社すべてを松下電器100％出資とし、持株会社の機能を持たせた。例えば、松下電器（中国）有限公司は中国・北東アジア地域を受け持つ100％出資の統括会社であり、今後は松下電器本社に成り代わって同地域の製造子会社や販売子会社の出資者になる。アジア松下電器、米国松下電器、欧州松下電器も同様である。

これまでも地域統括会社には地域統括の機能はあったが、単に本社に代わって代理でやっていた側面が強かった。今回は本社（大阪府門真市）のグループ＆グローバル・ヘッドクォーターズ（G＆Gへッドクォーターズ）に代わって各地域の製造・販売会社に出資をする以上、株主として日本本社に成り代わって経営面にまで立ち入り、投資回収などの責任も果たすことになる。

では、合弁相手パートナーとの関係はどうなるのか。この点について、少徳副社長は次のように言う。

「基本的にはパートナー側の出資も引き取りたいと思っています。ただし、これまで二人三脚でやってきた会社もあるし、相手が〈いやだ〉という場合もあるでしょう。相手からの同意が得られたところは地域統轄会社からの１００％出資会社にするし、パートナーからの同意がなければ、そのままパートナー関係が続くところもあります。ケース・バイ・ケースです。

中国については何とか２００３年中の完了を目指していましたが、中国での出資切り替えには許認可の担当印がいくつも必要なので時間がかかります。いまも大変なスピードで書類を用意して提出しています。後は認可が下りるのを待つだけです。これらの一連の作業は２００３年事業計画年度（２００４年３月31日）までに完了したいと思っています」

## 事業の再編も起こる

出資変更をきっかけにして事業の再編も起こるのだろうか。

たぶん、大きな流れとしては、各地域で14ドメイン会社によるグループ化をしていくことになろう。もともと松下電器の海外進出は乾電池、冷蔵庫、洗濯機、炊飯器、アイロン、電子レンジなど単品の製造を目的に進出した工場が多いのが特徴だ。とくにアジア大洋州などの場合は同じ商品を重複してつくっている工場がある。それを各ドメイン会社主導でできるだけ地域内でグループ化すれば、より効果的な拠点配置となる。

中国や米国は国が大きいのでグループ化は比較的容易だ。例えば、地域統括会社の下部組織としてディビジョン・カンパニー（法人格は持たない）をつくり、その下に製造会社を抱えるというものだ。これが、アジアや欧州のように小さい国が多い場合は、国ごとに国情や法律（会社法など）が異なっているために、煩雑な手続きや交渉が多い。現時点ではアジア松下電器からの出資は可能でも、アジア松下電器の下にディビジョン・カンパニーをつくり、各国の事業会社を束ねることはなかなか難しいのが実情だ。

こうした事業再編をきっかけに、53拠点を有する中国拠点などで大合併や大リストラがあるのだろうか。

「重複事業や地理的に近接している会社を一つにしたりすることは有り得るでしょうが、それが大リストラにまではつながりませんし、タイムスケジュールにものぼっていません。例えば、もう少し華中だけでまとまって合併や解散などで集約化するかなど、いろいろな選択肢があります。むしろ、中国はこれから大きくしていく方針なので、大リストラは有り得ません」（少徳副社長）。

それでも、２００４年度からはアジア拠点の再検討に入ることになる。14ドメイン体制のもとに東南アジアや中国の拠点の再編（拠点間の連携強化、分業体制の確立）が推し進められ、いずれ拠点の統廃合も起こる可能性が高い。

今後のキーワードを少徳副社長は、「単品工場を複品化することも有り得る」、「同じ事業領域（ドメイン）に属している工場が離れた地域でなければ、一つの会社として集まるのがベター」、「新規事業の場合には既存工場の敷地内に工場（新棟）を建てて間接部門を共通化すれば効率がいい」、「中国に一つ、ＡＳＥＡＮに一つ、強力な工場を置き、それ以外はサテライト工場に」、「地域の特性に合った事業に特化する」、「採算のとれない事業は撤退」、「必要とあらば、新会社設立も」……という具合に示した。これがまさに事業再構築（Restructuring）なのである。

２００３年４月１日の新体制以降、松下電器（中国）有限公司とアジア松下電器にはそれぞれ中国・北東アジア本部長とアジア大洋州本部長が日本と現地を半月のペースで行ったり来たりするという駐在スタイルを実行している。「体の半分は日本、もう半分は現地」という具合の二重生活である。

以下、中国・北東アジア本部と松下電器（中国）、アジア大洋州本部とアジア松下電器について見てみよう。

## 2 中国への現地化を徹底
### ――名義変更を機に出資比率引き上げ交渉も

### 中国の松下本社＝松下電器（中国）

松下電器の中国・北東アジア本部が担当するのは中国・香港・台湾・韓国・モンゴルである。このエリアの地域統括会社である松下電器（中国）＝MCを筆頭に、製造48社（中国43社、香港2社、台湾3社）、販売9社（中国3社、香港1社、台湾3社、韓国2社）、R＆D5社（中国4社、台湾1社）、その他5社（中国2社、香港2社、台湾1社）の合計68社をカバーしている。ここでは中国について詳しく見てみる。

「MCは中国における松下電器の本社という位置づけです」

こう言うのは、中国・北東アジア本部長であり、松下電器（中国）有限公司（MC）の董事長（会長）でもある伊勢富一。松下電器の中国事業のトップである。

94年9月設立のMCは当初は現地資本の北京華瀛盛電器との合弁であったが、2002年12月にパートナー保有の株式を買い取って松下電器100％出資会社になっている。これで従来からの業務（販売支援、人材育成、事業投資促進）に加え、投資回収責任や地域統括という重要な役割が付加される。従来は現地生産子会社が行っていた営業や代理店向けの直接出荷はMCの担当になったわけである。これで、中国全体の一体的な営業戦略が展開できる。

「中国における現地法人は松下電器本社に成り代わって出資元になります。出資切り替えは2004年3月をメドに進めている最中です」（伊勢氏）。

ただし、出資比率が100％のところは問題ないが、合弁会社であればパートナーとの話し合いが必要となる。

また、仮にパートナーがOKと言っても、地方政府の認可案件も含まれているので、そうした地方政府の了解も必要となるケースがある。名義変更とともに松下側の出資比率を引き上げる交渉もあるようだ。

中国・北東アジア本部長兼松下電器（中国）の伊勢富一董事長

基本的に、松下電器は合弁会社の出資比率を連結対象となる51％のマジョリティにすることを希望している。中には、利益が出ずにパートナーに良い思いをさせていない場合は、相手の株式を買い取って松下100％にする交渉も行う。利益を出しているところでも、少しでも出資比率を上げる交渉を行っているところもある。

そして、最終的には中国子会社をすべて連結対象にするという目標もあるようだ。

## ＭＣと各ドメインの関係

「日本の松下電器の出資から名義をＭＣに替えることについては、中国当局からも反対の声は聞かれません。むしろ、ＭＣからの出資の方がわかりやすく、すっきりすると言ってくれています。出資者になる以上、地域戦略立案を練り、製造会社・開発会社への支援・指導などについてもＭＣの特色を積極的に発揮していくつもりです」（伊勢董事長）。

統括会社機能を持つＭＣであるが、当初の役割が地域事業への支援というものだっただけに、先に進出した会社への遠慮もあったと思われる。しかも、それぞれが従来は親元の事業部（現在はドメイン）から直接進出してきているので、それら親元を飛び越えて口を差し挟むのは憚《はばか》られるという側面もあった。

しかし、いまは違う。ＭＣとして日本の松下電器本社の代行を務める以上、積極的に関与する姿勢を持つことになる。つまり、ＭＣと各ドメインが協調しながら中国での事業展開を縦糸と横糸のように交わる必要があるということだ。

この体制が必要になった背景には中国内の熾烈な競争が表面化してきたからだ。松下電器の中国進出は当初は日本や米国向けの輸出が多かったが、中国国内販売への規制が緩やかになり、中国市場へのアプローチが可能になった。その一方で、沿海部を中心にした高額商品の需要の高まりと同時に、急激に成長した中国家電メーカーからの激しい追い上げにより、市場を席巻されかねない勢いになっていることも挙げられる。

中国で新しい投資案件があれば、基本的に各ドメインから海外事業を統括する少徳副社長のところ

中国松下グループの製造事業場展開

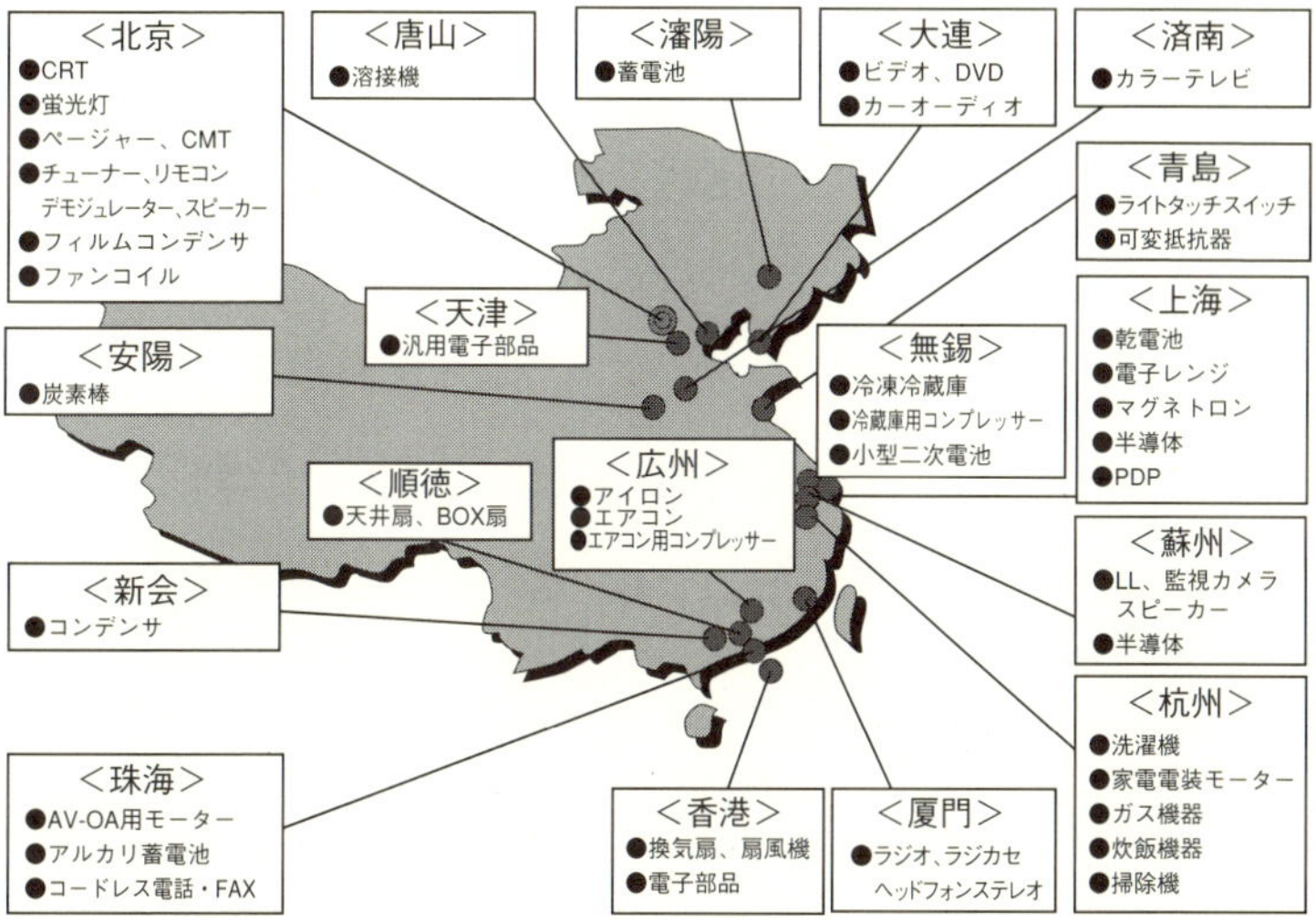


に報告が行く。同時並行的にMCへも情報が入ってくる。

この時点で、MCとしてのサジェッションやコメントを出すことができる。資金はあくまでドメインが責任を持つ。

経営がうまくいっていないところについては生産品目の変更や縮小も検討の対象となる。

また、もともとMCは自社の販売業務のみを担当していたが、統括会社になったことで、中国・北東アジア地域内におけるすべての販売について責任を持つことになる。

「徹底的に効率化を図り、世界の松下電器グループの中で一番安いコストで経営できる会社にしたい。そのためには一層の現地化が必要です。いまはまだまだ隙間だらけの状態です」（伊勢董事長）。

そして、各製造事業場で最低10％の利益を上げる目標を立てている。MCが地域統括することによって、各生産子会社が個々に抱えていた流通段階での在庫をトータルで検討し、削減する体制も可能になった。そのためにはIT化が必須となろう。

そうは言うものの、中国・北東アジア地域のすべての法人を見ることは大変な労力がいる。だから、各ドメインや本社の関係部署のサポートも重要だろうし、知恵を授かることも必要だ。その上で、各ドメインの出先である製造事業場に経営指導する事態も出てくる。研修制度もMCが指導することになる。大連や天津に集まってもらい、一定期間の研修を実施する。

また、もともとMCには財務部門があるが、2003年4月からこれに監査機能を持たせて順番に各拠点を巡回している。もちろん、本格的な監査は日本の担当者が中国に来てやっているが、その後のフォローはMCが担当している。

「今後は独自の現場監査も必要になるでしょう。あまり厳しくやると自由がなくなり、かと言って緩みっぱなしでもいけません。各拠点の財務や経理部門の統合はコンピュータ・システムの統一が必要です。エンピツ、舐め舐め、という世界ではだめです」(伊勢董事長)。

## 松下のイメージ

現在、MCの陣容は843名(2003年9月時点)。その中の半分以上が営業部隊だ。日本人の出向者は32名。これとは別に日本からの出向ではなく、駐在という形の日本人が37名。この出向と駐在はどう違うのか。

出向者の給料はMCが持つが、駐在者は日本側が持つ。これは手がける事業がまだ海の物とも山の物ともつかないケースがあるためだ。日本人のコストは高いので、事業化の展望が見えない業務で中国に来る場合には日本側が負担することがあるわけで、これが駐在という身分になっている。

MCは2003年12月に累損を一掃する計画だ。そして、Panasonicブランドの浸透に向けた宣伝の取り組みを一層強化する。そのために組織の合理化で得た資金を投入する。

「北京首都空港を出てすぐのPanasonicの看板、あれ、目立っていいでしょう。ああいう風に、各都市でもできればいいですね」と伊勢董事長。

2002年12月、松下電器は中国での社名・ブランド浸透率を調査している。対象1000人のうち、「松下」の認知度は98・8%という高さだった。ところが、Panasonicは78%、Nationalは65%という状況だった。かなり差が出ている。

「松下」の認知度が高いのは、25年前に松下幸之助が鄧小平と会談し、それ以降、松下電器に関する新聞記事やTVが頻繁に出てきたために広まったという理由に加え、数多くの合弁会社を中国につくったことも作用している。

「政治の井戸を掘ったのは田中角栄」

「産業の井戸を掘ったのは松下幸之助」

伊勢はそう言う。松下幸之助のおかげで、松下電器は言うに及ばず、日本企業全体のイメージアップにもつながった。

## ファイナンス機能の再構築

基本的に、中国ではこれ以上拠点を増やすことはないと思われる。もし、生産品目の追加や新しい投資案件が必要になった場合は現在の敷地や建屋の中で可能な限り対応するそうだ。あるいは、シフト（2シフトから3シフト、ダブル4シフトへ）の工夫などで、投下資本に対する生産性向上に努力することになる。

ただし、その一方でパナソニック・ファイナンス・チャイナの設立（社内分社）が発表されている。中国がWTOに加盟したことで、今後さまざまな形で金融分野の開放が予測されるため、その動きに敏速に対応するにはMCから分社した形の方がファイナンス業務を展開する上で都合がいいということになった。もともとMCの中にはファイナンス機能があったが、分社することによって一層業務責任を明確にする狙いがある。

これまで中国内の各製造拠点では資金をドルで保有していたが、最近は強い人民元の方が使い勝手がよくなっている。

つまり、余資はできるだけ人民元勘定に替えるようになっており、個々に扱っていたこの業務を今後はパナソニック・ファイナンス・チャイナが受け持ち、グループ資金をうまく分配することになりそうだ。言い換えれば、人民元リスク管理の強化策である。

位置づけとしては、マレーシアの松下22社の資金の集中化と為替リスクの総合管理を目的としたパナソニック・ファイナンシャルセンター・マレーシア（98年6月設立）と同じである。

## 矢継ぎ早に改革の手

ＭＣは中国内の製造・販売会社の採用を一本化する。とくに、現法の幹部を育成するために、人材募集を効率化するためだという。ＭＣ内に「中国リクルートセンター」を設けて、２００３年２月に第一回目の「外国企業人材招聘会」を催している。この募集に対して中国国内の松下グループ17社から人材確保の申し出があった。

また、２００４年から中国内の製造・販売会社では成果主義が導入される。既にＭＣ他いくつかの拠点で試験的に導入されており、これが２００４年からすべての拠点にも導入される。

営業部門であれば、固定給と歩合給が5割ずつであったのを、今後は歩合給の割合を7割程度までに拡大する。生産部門であれば、生産台数に応じた報酬を出して給料に加算する。能力主義を取り入れれば、最大3倍ほどの格差がつくという。逆に、成績の悪い者は退職が促される。

成果主義導入の背景は、少しでも生産性を上げて、熾烈な競争に勝ち抜くために従業員の士気を高めることにある。ただし、人事や賃金体系は全国一律とせず、各拠点の特長を活かした形で進められる。

中国内で調達する部材や部品の品質評価を行う「中国部材試験センター」も設けた。これは日本の品質本部の海外拠点として設立したものだ。これまで部材・部品の評価は各拠点が個別に行ってきたが、全社の横断的な評価体制のもとに今後も増え続ける中国製の部材・部品の一括的な評価ができれば、各製造拠点も商品開発のスピードアップが実現できる。

## 中国でも好調なV商品

地域統括会社であるMCの組織と今後の方向性について見てきたが、では実際に中国市場ではどのようなビジネスが展開されているのだろうか。中国国内における松下電器の全拠点は資料（巻末資料参照）の通り43製造会社を含む53拠点。こんな規模で中国ビジネスを展開している日本企業、欧米企業はない。製造品目はカラーTV、エアコン、乾電池、アイロン、DVD、プラズマTV、洗濯機、半導体、モータ、冷蔵庫、炊飯器、電子レンジ、カーオーディオ、炭素棒、携帯電話、掃除機……挙げたらキリがない。それほど多角的に事業展開をしている。

「いま、中国市場で大きく伸びているのはPDP（プラズマ）TV、プロジェクションTV、DVDプレーヤー、DVD−RAMです」（伊勢董事長）。

やはり、中国でもV商品の成長が特徴のようだ。

中国ではケーブルでのデジタルTVが2005年に始まろうとしている。完全実施は2006年になると思われるが、中国政府は最悪でも2008年の北京オリンピックまでに実施したいようだ。そうなると、デジタル対応のTVが増えてくる。これまで録画文化のなかった中国だが、これからはDVD−RAMのような商品が売れるだろう。

乱立状態の中国家電メーカーはお互いの切磋琢磨というか、過当競争のために商品のコスト競争力が弥《いや》が上でもついて、日系家電メーカーを寄せ付けない勢いがある。そうした熾烈な市場で生き残るには独自の技術商品でもって勝負しなければならない。

「ノンフロン型冷蔵庫、省エネ型エアコン、節水型洗濯機など用途型の家電がポイントです。日本でしきりに宣伝されているデジタル家電については、もう少し時間がかかるでしょう。中国でも政府がグループを組織して検討する動きはありますが、まだ本格化していません。4～5年という期間内では難しいでしょうが、我々はデジタル家電の中国事業についても視野に入れています。日本でデジタル家電がスタートすれば、中国もやりたいはずです」(伊勢董事長)。

とくに、ノンフロン型冷蔵庫はＴＶでのコマーシャルを集中的に実施して、より一層のブランドの向上を図っている。

これから中国をはじめ、世界同時発売という商品も出てくると思われるが、廉価なものは中国、中級品はシンガポール、高級品は日本、といったようなパターンはまだ続くと思われる。ただし、ＤＶＤプレーヤーは後工程(組立)だけだが大連でつくっている。日本でも完全に市場が形成されていなかった先端製品である。そうした製品を後工程といえども、中国でも開始した。これは実に画期的なことだった。部分的にはこうした展開はこれからも出てくるだろう。

付け加えて言えば、本当の意味で基礎技術が下敷きにないと、前工程や高級品をつくるのは難しい。その点が、今後の課題としてである。

中国で一番気になるのは、知財権保護についてである。

「中国ではコピー商品の氾濫に悩まされています。日本から取締り要員を派遣してもらっているし、現地でもスタッフを雇っていますが、それでは到底防ぎ切れません。モグラ叩き状態なので、苦慮しています。たぶん、利益の2～3割はみすみす損している勘定になると推定しています。中央政府や一部の地方政府にも協力のお願いをしているところです」(伊勢董事長)

中国で日本ブランドとして人気が高いＤＶＤプレーヤー、ＶＣＤプレーヤーは「パナソニック」、「東芝」、「ソニー」の3社だと言われている。日立の偽物はあまり出回っていないらしい。

## 内陸誘導は有り得るか

中国の外資政策についてかすかな懸念がある。中国政府が今後、新規投資については内陸部へ誘導するのではないかというものだ。例えば、大連のDVD工場は北へ100キロほど離れた瓦房店に分工場を持っているが、これは中国側が瓦房店への展開を希望したために松下電器としてもその政策の線に沿って瓦房店に分工場を設けている。

この点について、少徳副社長は、

「大連のDVD工場は大連市にとっても重要な工場です。忙しくなり過ぎて人が足りなくなってきたので、分工場が必要になったのです。ただ、一口に大連市と言っても相当広く、少し発展の遅れている地域に手の足りない仕事（とくに、労働集約的なもの）を回せば、発展のきっかけになるだろうという中国側の気持ちはよくわかります。

一方、外国からの投資を西部大開発に活用したいとしている中国政府は恩典を出すことで応えようとしているのも事実です。ただし、インフラが悪く、需要も大きくない内陸部に比べると、沿海部には省や市が開発したたくさんの工業団地がいまでも有り余るほどあり、優遇措置をアピールしての誘致活動がすごい。しかも、農村部から1～3年契約で農民工が沿海部の工場に働きに来ており、それがうまい具合に回っているので賃金も抑えられています。ですから、いくら中国政府が内陸部に誘導しようとしても、少々の恩典をもらっても工場進出するにはまだキツイところです。行政指導などによる誘致の強制はありません」

確かに、最近はかつてほど内陸部への誘いを言わなくなっている。それはSARSにもかかわらず、外資投資が継続してあることを中国政府は重視しているからだ。あまり内陸部への誘導を行えば、外資は投資を控え、ベトナムなど他の国に投資が向かうことを心配しているのだ。

松下電器は河南省安陽に炭素棒をつくる合弁工場があるが、その安陽とてそれほどの内陸部ではないものの、日本のテレビ放送が見られないとか、日本食がないとかで日本人駐在員は暮らしにくいようだ。その点、瓦房店は大連の中心部からわずか100キロ程度で、幸いにもそんなに遠くではない。ほどほどの距離ということか。

## 元切上げと還付率引下げ

最近、米国が膨大な対中貿易赤字を理由に人民元切上げを迫っているが、これが実施されると、中国内で事業展開している日本企業にも大きな影響が出る。松下電器も例外ではない。

「基本的に人民元は切り上がるでしょう。ただ、過去の日本のプラザ合意を中国は教訓にしています。10%、20%切り上がるにしても、一年間で切り上がればキツイけれど、何年間かかければ影響は少ないと見ています。そこら辺のことはよく研究しています」(伊勢董事長)。

また、2004年1月からは国内流通段階でかかる増値税(付加価値税、一律17%の税率)の輸出時の還付率が引き下げられることになった。

電機製品の場合、従来の還付率は17%だったが、今回の改訂で13%に下げられた。自動車及び自動車部品、農産品、船舶などの還付率はそのまま17%で変わっていない。原油、紙パルプ、原木などは還付ゼロになっています。松下電器の各製造拠点は値上げや原材料のコストダウンで対応しなければならないが、輸出が減少する製造拠点が出てくるかもしれない。

「還付率引下げの背景には中国の財源不足という面と、中国からの輸出抑制という両面があります。還付率がこのままだと輸出の勢い、とくに対米向けの輸出が止まらないからです。政治的に見れば、膨大な対中貿易赤字を抱える米国に対して、増値税の還付率引下げで米国向け輸出は減少するとアピールしているわけです。我々日本企業にとって3%とか4%というのは短期的には影響する数字です」(伊勢董事長)。

過去にも何度か還付率が下がったことがあるが、外国企業の反対意見や為替変動、あるいは外貨準備高の状況を見て、元に戻したりしている。ただ、今回の場合は、中国の財政状況が悪く、日本の中小企業に対してもここ2年くらい未還付金があるようだ。「もともと返ってこない金だ」と諦めている企業もある。中国当局は「きちんと返す」と言ってはいるが……。

## 中国とASEANの補完関係

ところで、中国のASEAN市場への興味は年々増している。既に中国とASEANはFTA(自由貿易協定)締結に向けて話し合いしているが、お互いに製品・部品の供給先であり、受け入れ先でもある。

「中国がASEANとFTAを2015年までに完全実施する予定のようですが、たぶん前倒しされるでしょう。ＡＳＥＡＮ・中国でＦＴＡが締結されれば、日本はＡＳＥＡＮや中国で生産活動を行う際には日本からの部品持ち込みや製品の域外輸出に関税がかかります。ということは、もっと中国やＡＳＥＡＮなどに生産がシフトし、中国・ＡＳＥＡＮ間の貿易が加速します。そうなれば日本はビジネス機会を失うリスクが高いので、製造会社としては機敏に対応していこうとすれば、日本の製造業をさらに空洞化させてアジアに拠点を移し、そこで頑張るしかない。我々はそれを望んでいるわけではありませんが、そのためには日本はもっと規制緩和をして、一刻も早く各国とのＦＴＡ締結を実現する必要があります」（少徳副社長）。

例えば、エアコンは広東省とマレーシアの二つに大規模な工場があるが、中国とＡＳＥＡＮの間でＦＴＡが結ばれるとどうなるか。

「そういう二者択一の選択肢はありません」（少徳副社長）。

これはどういうことか。少徳副社長によれば、すべての製造拠点や輸出拠点を一か所にまとめるのはリスクが高い。中国は２００２年12月にＷＴＯ（世界貿易機関）に加盟したが、10年間くらいはモニタリングがあり、観察期間でもある。それだけに、中国に一極集中するのはまだ時期尚早。

また、中国は輸出相手国との間に通商摩擦を起こす可能性が高い。典型的なのはダンピングだ。ダンピングの提訴があった場合は、ダンピングの課徴金がかかる。保険という意味合いを込めて中国とＡＳＥＡＮにはそれぞれにしっかりした拠点を持っておかなければならない。そういう意味で、中国とＡＳＥＡＮがＦＴＡを結べば、この2拠点はさらに強くなる……ということだ。

「日本と韓国を入れた「大アジア圏」も念頭に入れておく必要があります。そうなった場合、適地生産で製造の棲み分けが必要になります。いわゆる、生産拠点の再編成ですね」（伊勢董事長）。

現在、中国の各拠点で生産するのは完成品60%、部品40%の割合だが、将来的には半々にする計画という。完成品（商品）はいわば不特定多数の消費者向けのもので、見方によっては不安定だ。その点、部品は納入先（企業）がある程度決まっているので、安定的と言える。

伊勢も「この部品事業を収益の柱にしたいけれど、いまはまだシンドイです。実際、中国の拠点の中ではデバイス事業の方が多いので」と言う。

## まだまだ再編途上

ただ、中国内の事業調整においても少々てこずりそうな気配だ。その一つが、エアコンだ。中国にはエアコンの会社とエアコン・コンプレッサーの会社が別々にあり、しかも同じ敷地内にある。素人目には、一つの会社にした方がいいと思うのだが、そうもいかないらしい。

コンプレッサーはエアコン会社に部品として供給すると同時に、松下電器以外の競争相手にも供給している。コンプレッサーの生産能力は年産600万台分だが、エアコン会社に納めるのは100万台分ほどで、残り500万台分は中国内のエアコン会社（中国系、日系）に販売するか、あるいは輸出である。つまり、役割が違うのである。

しかし、本社の組織から見ると、双方とも14事業ドメインの中の松下ホームアプライアンス社に属している。これまでエアコンとエアコン・コンプレッサーは別々の事業部に属しており、日本国内での責任者も違っていた。これを現在は松下ホームアプライアンス社に一本化している。その結果、同じドメイン会社内では単品製造工場に対して製造製品の移転や追加などの検討が十分にできる。まさに、これが14事業ドメインの組織にした強みとも言える。

今後、松下電器（中国）有限公司の下にそれぞれのディビジョン・カンパニーを設け、いったんその傘下にすべての製品を全部ぶら下げる方針が決定しており、エアコンもエアコン・コンプレッサーもそのようになるという。このドメインの中にはこの二つ以外にも冷蔵庫用コンプレッサー、電子レンジ、洗濯機、炊飯器、アイロン、ガス機器などがあり、これらも同様に各ディビジョン・カンパニーの傘下に入る。

単品製造工場を全体最適で見てみると、現在、エアコンは華南の広州でつくっている。中国は広いので華東・華北まで持って行っている。ならば、江蘇省・無錫にある冷蔵庫工場でエアコンをつくれば、もっと北まで持って行ける。そういう風にも考えられる。これは同じ松下ホームアプライアンス社が検討する問題である。

最初、中国は単品の製造工場しか認めてくれなかったが、現在ではその規制が緩和されている。従って、国土の広い中国で単品の製造工場を一か所に限るという固まった考えは既になく、むしろ他の地域でもつくる選択肢が出てきている。同時に、近い地域に小規模の工場が点在していれば、閉じるケースも出てくると思われる。

## 3 利益を生み続けてきた事業地域
### ――アジア本社機能を前線へ

#### 8万人が働くアジア大洋州地域

第2章でも触れたように、松下電器の2002年度連結販売高に占める海外比率は53％で、じわじわと海外のポジションが増えてきている。その海外販売高のうちアジア大洋州が11％、中国は10％、併せて21％になる。

わかりやすく言うと、海外販売高を100とすれば、米国36％、欧州25％、アジア大洋州21％、中国18％となる。つまり、アジア大洋州と中国を合わせれば39％となり、米国を上回ってしまうことになるのだ。

アジア大洋州の拠点数は76（2003年12月現在、巻末資料参照）。総従業員数は約8万人。各国に満遍なく事業場を持っているが、マレーシアが一番多く、21社もある。従業員数は約3万人。シンガポールに地域統括会社のアジア松下電器（MA＝Matsushita Electric Asia Pte. Ltd.）を設立している。

MAの従業員数は約500名、そのうち販売部門に300名が属している。松下電器の国内外の連結総従業員は29万人だが、そのうちの約8万人は全体の約28%を占めるということだ。

アジア大洋州の拠点のうち、部品事業が半分で、残り半分が完成品である。部品事業が多いのは、完成品をつくっているグループ会社への部品供給と同時に、アジア地域内の日系や欧米のセットメーカーへの納入も多かったからだ。

2002年までは日本にアジア大洋州地域を管轄する本社的機能があったが、2003年4月から本格的に本部機能（企画、海外事業、経理、マーケティングなど）を前線であるシンガポールにへ持って行った。

「松下電器ではアジア大洋州が利益の4割を稼ぎ出しています。最近は中国の伸びが大きくなりますが、80年代から90年代にかけてアジア大洋州が8割を占めていた時期もあります。とくにマレーシアとシンガポールが稼ぎ頭でした」

河邊富男アジア松下電器社長兼アジア太洋州本部長

こう言うのは河邊富男アジア松下電器社長兼アジア大洋州本部長。
アジア大洋州本部の管轄は西はインドまでだ。意外なことだが、英国植民地時代に一つの国であったパキスタンは他本部の管轄となっている。
また、インドよりも東にあるバングラデシュはまだ法制度が未整備で、投資しても効率が悪いので、法人は設立していない。むしろ、代理店に任せる方がやりやすい地域のようだ。

## アジア松下電器（ＭＡ）の位置づけ

アジア松下電器は２００３年４月からアジア大洋州において、日本本社を代行する形で地域統括会社機能を持つ松下電器１００％出資会社である。従来は地域本部の出先として販売と域内の販売会社や複品会社（＝ミニ松下電器）を管轄するくらいだった。

他の域内事業会社は日本の事業部が直接管理していたからである。それを今回、アジア松下電器が地域全体をカバーすることになり、人事、法務などの共通プラットフォームサービスにより、地域での事業ドメイン支援を行うことになった。

むろん、日本のドメイン会社からの管理は引き続き行われる。

「アジア松下電器は本社代行としてブランドリスクマネジメントや地域行政、投資と回収、法の順守、環境対応などガバナンスの舵をしっかりと取っていきます。また、地域成長戦略（市場責任）の遂行責任を持ち、地域マーケティング機能をアジア松下電器で有しています」（河邊ＭＡ社長）。

域内の各拠点への出資変更（松下電器本社に成り代わって、アジア松下電器の出資に替えること）は名義変更という形で対応する。

出資切り替えは２００４年３月までに終了する予定だ。合弁会社も数多くあり、一部ではパートナーとの株式引き取りの交渉（合弁解消）も行う。

そのままパートナー関係が続くケースもあるが、アジア松下電器１００％に切り替わるケースも出てくる。合弁会社の場合、パートナーの了解を得る必要があるために、時間がかかると思われる。

## 風通しの良い新体制

アジア大洋州地域に拠点数が多い背景は、一つは松下電器グループが抱える製品群が多いこと、もう一つは製品ごとに海外進出して行った事業部制の名残がある。これがある意味で、80年～90年代初頭までのビジネス・モデルとして強さを発揮してきた。

最近は一つの商品や一つの技術よりも、組み合わせた商品や技術の方が消費者にはメリットが出てきた。ネットワーク家電がその典型だ。こういう時代環境に合わせるために、松下電器では14ドメインに再編したと言える。

海外事業でも製品群を束ね、消費者に重宝がられる組み合わせ商品・技術への再構築に取りかかっている最中だ。アジア大洋州域内には単品生産の工場がかなりあり、アジア松下電器と14ドメインが協力して手がける構造改革は絶えず常態化することになる。

長い間、松下電器の経営制度であった事業部制では、自分たちの事業に閉じこもる傾向があり、せっかく良い商品・技術がありながら、隣の事業部には渡さないという悪しきセクショナリズムがあった。その殻を取り剥ぎ、オープンにすることが事業部制度の廃止と14ドメインへの再編の目的だ。

「隣のドメインに良いものがあれば、すぐにも適用するという動きが出てきています」（河邊MA社長）。

14ドメインへの再編と同時に、アジア大洋州地域内の拠点の見直しにも入っている前述のように、インドネシア、マレーシア、フィリピン、タイのミニ松下電器は各国が取った輸入制限に対応するために現地生産に着手した複品（複数の製品をつくる）会社として設立されたが、２００３年から実効したＡＦＴＡのＣＥＰＴ（共通効果特恵関税）スキームが適用されれば、一部の例外を除き全製品が0

～5％の輸入関税でお互いの国に輸出できる。そうなると、それぞれの国でロットの少ない単位で複数の製品をつくっていてはとても競争できない。

「そのためには、ASEANの中で強い製造拠点を一か所につくらなければなりません。何か所もつくるのではなく、どこか一拠点に集中させて、域内のみならず輸出もできる強い製造拠点に仕上げて規模の利益を出していくことが求められています。残りはすべて閉めるということではなく、衛星（サテライト）工場でもいいと思います（少徳副社長）。

例えば、エアコン、カラーTV、オーディオ、DVD、VTRなどは生産の優位性があるマレーシアに集中できる。冷蔵庫や洗濯機はタイで集中生産することになる。ただし、こうした選択と集中の決定をいっせいに進めていくのではなく、徐々に集約していき、このスピードはASEANの市場統合が進めば進むほど、その集約化も早まる。

「まずは、ミニ松下電器の事業改編が急務で、現在その作業に取りかかっているところです」（少徳副社長）。

## スピーディーな出資切り替えを

シンガポールやマレーシアなど再編の余地がある国は別として、産業競争力の弱いフィリピンは圧倒的に不利と思われるが、

「一般論で言えば、フィリピンの場合は競争力で不利な点が多いのも事実ですが、フィリピンならではのものもあります。当社の事業で言えば、ASEAN向けの携帯端末がそれです。これは競争できる

と見ています」(少徳副社長)

フィリピンには旧・九州松下電器の工場があり、光ディスク関連(CD―R/CD―RW、さらにはDVDコンボのピックアップやドライブ)もあり、輸出も可能だ。あとは、デジタル複写機、レーザースキャニングユニットなども大々的に展開している。こうしたものはフィリピンに残る可能性が高い。テレビ、冷蔵庫、洗濯機などは難しいと思われる。

こうして、あと5〜10年もすると、松下電器のアジアでの拠点網は大きく変わっていることと思いきや、

「いやいや、5年も10年もかけていたら会社は潰れますよ(笑)。ここ1〜2年でスピーディーにやってしまわなければなりません。AFTAの本格的な動きを待っていたらもう遅い。特例を設けてぐずぐず言っているマレーシアのような国もあるけれど、他は動き始めたので、早く手を打たなければなりません。まず、手を付けるのはまずASEANの先発グループです。ここをクリアすれば、後は大きな問題はありません」(少徳副社長)

今後はよりスピーディーな展開が期待できそうだ。競争力とは、開発してユーザーに届くまでのトータルの時間と品質が勝負だ。これができるところが一番強い。

かつては、その国の生活習慣から派生する特有の商品があった。そのためにも、それぞれの国に拠点があっても意味があった。しかし、最近は輸入関税が低くなり、生活習慣も欧米化され、徐々に平準化が進んでいる。米国でヒットしたものはアジアでもヒットする時代だ。いわば、トータルで通用する商品が主流になってきている。

韓国のLGや三星は国ごとの細かいマーケティングや国ごとの仕様に変えることはやっていないが、あるモデルを一気に大量に流し込み、それがうまくいっている。韓国は大家族主義社会であるために大

型冷蔵庫などは得意分野だ。しかも、韓国はもともとコスト力があるので、アジア市場を席巻している。

最近の家電分野は中国・韓国・台湾勢に押され気味の日本メーカーであるが、それはかつての日本のビジネス・モデル（市場の絞り込みと大量生産によるコスト競争力の追求）が踏襲されたことから追い上げを喰らったわけである。それならば、日本企業も松下電器も別のビジネス・モデルを創り上げなければならない。そのための組織改革なのである。

## 役割が変化する東南アジア

これまで東南アジアは日本企業の良き進出先であった。低コスト生産を求めて進出し、組んだパートナーの企業力も引き上げてきた。その結果、進出先国の経済力までも向上させてきたのである。そうした中で、90年代半ばから恐ろしいほどのスピードで中国が台頭してきた。ここで従来の生産関係に変化が生じてきたのである。

すなわち、東南アジアから中国への生産シフトである。多くの日本企業はこの趨勢を免れなかった。そして、急テンポで中国事業の開拓を開始したのである。

中国進出ではどの日本企業よりも先進的で、進出スピードも件数も他を圧倒していた。では、東南アジアの松下電器の拠点は空っぽになったか。そうはならなかった。ここが松下電器と他の日本企業との違いにもなるのだが、一言で言えば、中国に向くものはいけいけどんどんで進出し、既存の東南アジアの拠点には、新しい任務を下したのである。

例えば、シンガポール。この高コストの国でのモノづくりは日本企業にとって、とても採算に合うものではなかった。

「もっとコストの安い国に移ろう」

これが結論だった。

しかし、松下電器はより深化を求めた。

「もっと他に生き残る道はある」

それが松下電器が選んだ高付加価値生産へのシフトなのである。

シンガポール松下半導体（ＭＳＣＳ、78年12月設立）では光ピックアップ用のホログラムやＣＣＤ（電荷結合素子）。ともに後工程であるが、組立・生産しており、なかなか好調だ。後工程といえども、ＣＣＤということを考えれば、組立・生産レベルはそんなに低くない事業である。では、もっと高度な前工程の導入はどうか。

「現時点ではその考えはありません。技術的には光ピックアップ用のホログラムやＣＣＤの前工程をシンガポールでやろうと思えば、それは可能です。しかし、前工程を展開するためには相当額の投資が必要になります。事業は常にトータルコストで考えなければなりませんので、それなりの規模（生産量）がないと、なかなか踏み切れません。可能性はゼロではありませんが……」（河邊ＭＡ社長）

現時点では前工程への着手には条件が揃っていないとのことだが、それならばシンガポールでのモノづくりの強みはどこで発揮されるのか。

そのキーワードは素材加工して部品やキットまでを揃える「源泉」工程の導入である。源泉から手がけることで、モノづくりの強みが出てくる。

「源泉から完成品までの一貫生産は労働集約型ではなく、まさに設備投資型です。それは教育が高度に施されたシンガポール人の技術面での優秀性に支えられていると言っても過言ではないでしょう。こういう形であれば人件費の割合はあまり大きくはないのです」（河邊MA社長）。

## ブラックボックスは必要

パナソニックAVCネットワークス・シンガポール（PAVCSG、77年7月設立）ではDVDレコーダーの生産を2004年2月から開始した。

「松下電器でDVDはPDPと並び戦略商品の一つです。積極的に取り組んでいきたいと思っています。このDVDレコーダーは世界でも同時に立ち上げることになるでしょう」（河邊MA社長）。

大連の中国華録・松下電子信息有限公司（CHMAVC、94年6月設立）でもDVD用の光ピックアップをつくっているが、

「松下電器の社内分社で言えば、両方ともPAVC社の管轄で、日本で生産をコントロールしています。基本的に、同じ商品でも同じカテゴリーのものは2か所で手がけることはありませんが、つくろうと思えば、できないことはありません。ですから、大連でつくっているものをシンガポールでつくることも可能で、各地域に移転可能な拠点があることは非常に大事です」（河邊MA社長）。

これはどういうことか。それぞれの地域には固有の強みがある。それは人件費であったり、技術力であったり、市場の大きさであったりするわけだ。そうした条件に基づいて生産品目が決まる。数量が多くなったり、為替変動が激しかったり、あるいは何かの理由で生産がストップした場合などは、すぐにでもどちらかで対応できる体制が望ましい。そういう意味で、リスクの分散にもなる。何度も出てきた

が、2003年5月の北京でのSARS騒動でBMCCのカラーTV用ブラウン管工場がストップした時、生産を緊急避難的にマレーシアへシフトしようとした例はその典型である（実際はシフトしなくても済んだ）。

また、シンガポールの特徴といえば、やはりR&D機能が秀でている点だ。これを活用した事業展開もシンガポールでのモノづくりのアドバンテージとなる。

松下電器もシンガポールにR&D機能を持つパナソニック・シンガポール研究所（PSL）がある。技術開発の発信基地にもなっている。

「PSLは日本の本社研究所に連なる組織です。グローバルな活動とともに、地域の特性を活かした研究開発も行っています。いま、シンガポールの人材と技術レベルの特長を活かした形で開発を行っているところです。例えば、MPEGや携帯電話の言語表示などデジタル機器関連のソフトウエア開発がそれです」（河邊MA社長）。

R&D機能を持つ研究所は日本の本社研究所がシンガポール、中国、米国、欧州に合ったテーマを割り振っている。地域のためのR&Dもあるが、ボーダレスにグローバル展開するのが本来の目的だそうだ。例えば、携帯電話であれば、中国語、マレー語、タイ語など地域特有のアプリケーション開発がある。この開発はシンガポールが適しているために、シンガポールのPSLが受け持った方がいいわけだ。

「シンガポールでのR&Dのテーマは案外フレキシブルで、陣容も柔軟に対応できます。開発の核になるのはシンガポール人ですが、開発内容によってはテンポラリーにインド人IT技術者も採用しています」（河邊MA社長）。

そうすると、シンガポールほどの高度技術国には日本で開発したものはそのまま全部持って行った方が都合が良いのではなかろうか。

実は、松下電器が今期の中期計画（2004～2006年）でも強調しているのが「ブラックボックス化」だ。

「シンガポールに限らず、どの国に対してもすべてを明らかにすることはできません。ある程度、日本にブラックボックスを置いておかないとね。知財権の問題もあるし、何から何まで出すわけにはいきません」（河邉MA社長）。

ブラックボックスは時間とともに明らかになるが、そうなればまた新しいブラックボックスをつくって自らの権益を守るということか。

## ベトナムへの再進出

ベトナムは1971年ベトナム・ナショナルとしてサイゴン（現ホーチミン）でTV事業を展開していたが、75年にはサイゴンが陥落したために事業を解消し、その21年後の96年にベトナム松下電器として再進出した。これが現パナソニックAVCネットワークス・ベトナムである。場所は撤退前と同じ南部のホーチミンである。ここでカラーTV生産を行っている。

そして、2003年6月に北部のハノイにベトナム松下ホームアプライアンスを設立、冷蔵庫・ガステーブルなどの製造を開始している。

「これからはベトナムが成長株です。5年先には魅力ある市場になっているでしょう」（河邉MA社長）。

ベトナムはＡＦＴＡの中の特恵関税スキームの発効が先発６か国よりも遅れるので、現時点ではベトナムの関税は高い。従って、魅力ある８０００万人市場を狙おうとすれば、ベトナム外からの輸入関税を避け、ベトナム内に拠点をつくる必要があったわけだ。ＡＦＴＡによってＡＳＥＡＮ域内関税が軒並み０～５％、あるいは関税撤廃になった時点で、果たしてベトナムが最適な生産地であるかはまだ未定だ。

ベトナム市場に向けた大拠点にするかどうか、あるいは輸出拠点としても可能かどうか。この位置づけについては、もっと先のことになろう。ベトナムの関税が下がれば、他の国から供給することも可能性としてないわけではない。

## 変わるマレーシア

アジア大洋州地域ではマレーシアに20か所以上の拠点数があり、他を圧倒している。進出当時はそうでもなかったが、昨今では松下電器グループにとってリスクヘッジの意味合いも付加されている。どういうことかと言えば、例えば２００３年にＳＡＲＳ騒動が起きた。当時、ＳＡＲＳ患者の出た北京のブラウン管工場で工場がストップし、その際の代替生産としてマレーシアを検討していた。

幸いなことに、実行しなくても済んだものの、いつ同じようなことがどこかの事業場でも起きないとは限らない。為替も今後どうなるかわからない。

つまり、グローバルな形で供給するにはリスクヘッジが必要だということだ。異なる地域に拠点があるのは意味のあることだ。

マレーシアでつくっているルームエアコンはセパレート型とウィンドウ型があるが、そのうちウィンドウ型をフィリピンに移管し、マレーシアはセパレート型に特化している。マレーシアは利益貢献する事業場が多かったが、中国に取って代わられる部分も出てきた。そのために、最近ではマレーシアのモノづくりが中国に勝てるように徐々に改革が施されている。同時に、マレーシア政府も2002年頃から種々のインセンティブを提示し、積極的な企業の誘致や引き止めを行っている。それは中国に対する危機感から出たものだ。中国への生産移管も実際に起こっている。例えば、マレーシアやシンガポールにあるモータ事業の一部がミネベアとの事業統合をきっかけに中国に移管する。

マレーシアの生き残る方向性とは、技術開発で他社にないものを開発してモノづくりを行うことだ。組立だけではいずれ限界が来る。デバイスは今後も勝負していける。そのためのR&D面での全社的な協力体制が敷かれることになる。

## モータ事業で中国に移管

松下電器とミネベアは2004年4月1日、情報モータ商品（ファンモータ、ステッピングモータ、振動モータ、ブラシ付きDCモータ）の開発・製造・販売の事業を統合（社名はミネベア・松下モータ）。出資は松下電器40％、ミネベア60％、事業規模（販売金額）は2004年度見込みで約950億円。両社の事業統合によって、各商品の世界シェアもより一層高まった。例えば、2002年度販売数量実績で見ると、ファンモータ＝世界第2位、ステッピングモータ世界第2位、振動モータ世界第1位、ブラシ付きDCモータ世界第3位、となる。

松下電器側の統合対象としては、日本の武生松下電器（福井県）とナショナルマイクロモータ（鳥取県）は会社清算し、松下本体のモータ工場（大阪府大東市）も生産を中止、日本国内のモータ生産から撤退する。

また、マレーシア松下モータ（MAEM、90年1月設立、AV・OA機器モータ製造）の一部を2003年8月設立の杭州松下馬達（家電）有限公司（2003年8月設立）と珠海松下馬達有限公司（93年5月設立）に移管する（注：馬達は、モータの漢字表現）。

杭州松下馬達（家電）有限公司は日本と東南アジア向け家電モータを2003年10月に生産開始し、情報・産業モータの生産拠点であった珠海松下馬達有限公司では生産を倍増させることになる。中国でのモータ事業統括のため、松下電器（中国）内に社内分社のモータ社（上海）を設立、中国での売上げを現在の300億円から2006年度には1000億円に拡大する。

「松下電器グループ全体で見ても、『破壊と創造』の『破壊』がまだ全部終わったわけではありません。成長と投資を断続的に行うプロセスでアジアや中国の工場に影響が及ぶ可能性は十分にあります。その例が、このモータ事業です」（少徳副社長）。

今後も引き続きアジア拠点の再検討に入る。

## 中国との競争

中国との競争、あるいは共存が日に日に増している。エアコンは長い間マレーシアでつくって日本などに出していたが、最近はかなり中国にシフトしている。

「中国の拠点に対してはコスト面でも追いつき追い越せとハッパをかけています。同じ松下電器グループとはいえ、勝負は真剣です。当然のことですが、その一方で共存関係を築き上げています」（河邊MA社長）。

アジアは30年前から進出しているので、固定費は軽くなっているはず。これから中国の販売高が大きくなると思われるが、投資回収に時間がかかるため、当面はアジア大洋州地域でまず利益を稼ぐことになろう。

さて、現在進行中のＦＴＡ（自由貿易協定）であるが、家電分野ではＡＦＴＡ（アセアン自由貿易地域）の取り決めで２００３年から税率５％が既にスタートし、競争に晒されている。２０１０年には後発組のＡＳＥＡＮ４か国も同じ条件になる。ただ、いまの主流はＦＴＡだ。高関税を避けるためにＡＦＴＡ以外の国のメーカーは域内拠点を設ける必要があったが、ＦＴＡになるとそういう要素は関係がない。

たぶん、ＦＴＡの拘束力はＡＦＴＡを上回るだろう。ＦＴＡが締結されれば、ＡＦＴＡ域内拠点があろうとなかろうと、ＦＴＡの条件が優先する可能性が高い。そうなればどの企業も域内・域外問わず、事業の再構築が必要になる。

アジア大洋州の中で日本企業の進出が多かったインドネシアとタイについて松下電器はどのように見ているのか。河邊ＭＡ社長は言う。

「インドネシアは労賃は安いけれど、経済の不調に加え、労働組合運動が盛んで、社会環境も不安定です。バタム島やビンタン島などのような特別のエリアであれば良いですが、ジャワ島でのモノづくりは難しくなってきています。そういう意味で、大市場として魅力がある一方で、生産のフレキシビリティが弱い。その辺のインドネシア事情を考慮しつつ、事業ドメインと一緒に最適地生産を検討します。

ＡＦＴＡあるいは各ＦＴＡでの関税が最終的に決まっていないので、テレビであればマレーシア、冷蔵庫はマレーシアかタイを大拠点にし、残りはサテライト工場という位置づけになります。不必要な拠点は極力少なくするという方向です。しかし、大事なのは、大拠点は必ず一つ確立することが重要だということです」

意外にタイの売上げが少ないのが気になるところだが、「タイは輸出代替目的で進出したので、あくまで対象はタイ国内市場だけでした」（河邊ＭＡ社長）。

マレーシアとシンガポールは輸出拠点としての位置づけで進出している。従って、この二つはもともと市場規模の小さい国内市場が目当てではなく、最初から世界市場が対象となっているのだ。

# 第4章

# 新旧AV機器市場戦略

# 1 デジタルネットワーク時代がやってきた
## ――映像表示装置をめぐる競争

### ホームシアターの出現

いま、日本はデジタルネットワーク時代に突入しようとしている。デジタルネットワーク時代という語感は途方もなく無味乾燥だが、実際にその恩恵に浴すると、生活が華やぐらしい。

「らしい」と書いたのは、私自身、十分にそれを生活に中で満喫し得ていないからかもしれないが、実は、私同様多くの人たちがまだ本格的にその世界に足を踏み入れていない。デジタルネットワーク時代はいまそのとば口なのである。

では、生活が華やぐというデジタルネットワーク時代とは具体的にどういうものか。

「デジタル」という共通基盤によってお互いが結びつき合い、指令の伝達と制御を行うというものだ。その応用範囲は自動車、家電、住宅管理、医療、銀行、ショッピング、教育などとてつもなく広い。

例えば、ＴＶを例にしてみよう。

ガラス越しにレインボーブリッジが見える高層階に住み、広い間取りの洒落たリビングでコーヒーを片手にして薄型の大型画面に見入る夫婦。その脇にはＤＶＤ（デジタル多用途ディスク）プレーヤーとＡＶアンプ、さらには重低音用ウーハーを組み合わせている。鑑賞するのはネットでダウンロードした作品であったり、録画しておいた好みの映像であったりする。友人を呼んでのホームパーティーではホームプロジェクターを使って部屋中をコンパクトな映画館に変身させる。

一部で始まった地上デジタル放送の開始も新しい利便性を増す。旅行番組で見た観光地に行きたいとインターネットで飛行機の予約をとった。部屋でゆっくり読書したいときにはデジタルＴＶの双方向機能を活用してインターネットでつながる図書館にどのような書籍があるかを画面に情報を引き出し、借りたい本が見つかればインターネット経由で書籍の貸し出し予約をする。まだまだ七面倒くさい操作を好んで搭載しているパソコンと涙ぐましい格闘をしなくても、簡単な操作だけで予約や情報の閲覧ができる。

少し前だったら、

「こんな夫婦、どこにいるんだ」

と反感のリアクションがあっただろうが、いまやこの程度のものは非現実的なシチュエーションでなくなってきた。ネット機能を持つデジタル家電（ネット家電）では外出先から「今日は寒いから風呂の温度を43度にしておこう」とか、買い物先で「冷蔵庫に肉はあったかしら」と自宅の食事用在庫情報を確認することもできる。エアコンや洗濯機なども遠隔操作できるので、ＴＰＯに合わせて外出先からでもコントロールできる。医療では各種自己データを医師のところに送ることで自宅にいながら、双方向機能を活用して診断を受けることもできる。説明し始めたらキリがないが、いずれにしろ、少しでもくらしを快適にする目的で開発されているデジタルネットワーク時代が目の前までやってきている。その技術開発と商品開発をめぐって、各社の熾烈なバトルが展開されているのだ。

このネット家電分野において松下電器は、日立製作所と製品・端末間の制御ソフト開発で提携している。これに対して、東芝・三菱電機・三洋電機・シャープが連合を組んで対抗している。

## 薄型テレビの台頭

映像表示装置をめぐる競争もその一つだ。映像表示装置とはTVなどで使用される画面及びその方式のことだ。従来はCRT（ブラウン管）が殆どであったが、最近はPDP（プラズマ・ディスプレイ・パネル）やLCD（液晶）が急激に伸びてきた。CRT（ブラウン管）は成熟期を迎え、徐々にPDPやLCDがCRTに取って代わり、さらにはその後には有機EL（エレクトロ・ルミネッセンス）やSED（表面電界ディスプレイ）も登場してくる。まさに陣取り合戦の様相を呈することになろう。この主導権争いは当分の間続くと思われる。

PDPやLCDはCRTと異なり、奥行き幅がぐんと縮まっていることから「薄型TV」（Flat Panel Displayあるいは Flat Panel TV）と称されている。ブラウン管方式の「平面TV」（Flat Panel CRT」と混同されがちで、「薄型」と「平面」が感覚的に似た印象を持つからであるが、「薄型」はPDPやLCDで、「平面」はブラウン管という具合にまったく違う。

日本では2003年12月から三大都市圏（首都圏、近畿圏、中部圏）で地上波デジタルのTV放送が始まった。クリスマス・歳末商戦に向けて各社ともデジタル対応商品の液晶・プラズマの薄型TVを相次いで売り出した。松下電器はその4か月前の2003年8月に「VIERA（ビエラ）」（液晶、PDP）を発表している。地上波・BS（放送衛星）・CS（通信衛星）のデジタル放送用チューナー内蔵商品である。

デジタル放送の受信はブラウン管（ＣＲＴ）よりも液晶やＰＤＰの方が適しているとされている。それは、縦横に無数の区画で構成されている部分のどこを明るくしたり暗くしたりするかをデジタルで制御するためにマトリックス・ディスプレイと呼ばれているが、この方式だと従来の走査線で構成されるブラウン管よりもデジタル映像を精細に再現できると言われている。今後のＴＶ放送方式がデジタルに変わっていく以上、液晶やＰＤＰの方に人気が出るのも当然のことだろう。

しかし、そこは何とやら、である。つまり、好みの問題があるからだ。映像の精度を限りなく求めるハードウエア志向の人もいれば、単に番組（作品）というソフトウエアの善し悪しに価値観を見出す人もいる。当然、民族差も出る。ある民間調査機関のアンケートでも米国人や中国人は日本人ほど画像の精度にこだわらないという結果も出ている。

## ２０１１年までは共存

それでも、やはり画像は綺麗な方がいい。しかし、如何せん、まだ液晶やＰＤＰは値段が高い。例えば、松下電器のプラズマ「ＶＩＥＲＡ」ＴＨ－４２ＰＸ20（42インチ）の店頭実勢価格は２００３年11月時点で70万円前後（実際は40～50万円で売っている店もあるが……）、同じく「ＶＩＥＲＡ」ＴＨ－４２ＰＡ20（同）は63万円（実売価格53万８０００円）。一般的に、店頭価格の目安は徐々に１インチ＝１万円になりつつある。プラズマの花形ゾーンは42～43インチ型と言われており、松下電器以外にも日立、ソニー、三洋電機、パイオニアなども出しているが、前記の松下電器の２モデルは映像の精度が認められ、他社を頭一つ抜け出す恰好で売れている。

映像の精度にはやや無頓着だった米国人も最近では薄型TVに目を向け始めた。デル、モトローラ、マイクロソフトなどの企業が薄型TVに参入してきたのだ。2004年度の世界の薄型TV市場は前年比100％増の1000万台になる見通しだ。2006年には2000万台にまで拡大する予測もあるほどだ。JEITA（電子情報技術産業協会）の最新データによると、2003年の国内VTR出荷台数は295万台（対前年比37・6％減）、これに対して同DVDプレーヤー・レコーダーは520万台（同54％増）と逆転している。DVDレコーダーだけでも196万台（同3・1倍増）と驚異的な伸びだ。2004年には350万台が見込まれている。

また、薄型TVの国内出荷台数はPDP23万台（同24・7％増）、液晶153万台（同51・9％増）と急伸しているのに比べ、従来型のブラウン管TVは716万台（同15・1％減）となっている。2004年の国内需要予測はPDP45万台、液晶240万台となっており、日本市場だけで見ても、AV機器の新旧交代の流れは顕著になっている。

薄型TVが急速に需要を伸ばしているのは明らかだが、それでも津々浦々まで行きわたるには相当時間がかかると思われる。また、地上波アナログ放送が全面的にデジタル放送に移行する2011年に向けて従来型のブラウン管TVからデジタル対応型ブラウン管TV、さらにはPDPやLCDなど薄型TVに変わっていくものとみられる。ということは、CRT・PDP・LCD（液晶）はこれからしばらくは共存関係となる。とくに2008年に北京オリンピックを迎える中国では薄型TVの需要が一気に拡大しそうな気配だ。

## 2 ブラウン管、プラズマ、そしてDVD
### ――未開拓市場と新市場の同時進行

### 日本国内のブラウン管生産中止

薄型TV（PDPや液晶）とDVDレコーダーとデジタルカメラ、これを「新・三種の神器」と言うそうだ。ちなみに、50年代の電気冷蔵庫・洗濯機・掃除機が「三種の神器」、60年代半ばからのカラーTV・クーラー・カー（自動車）が「3C時代」と呼ばれた。松下電器にとってもDVDとPDPは「V商品」（成長を牽引する商品）の筆頭だ。

いま、3C時代の一角を占めてきたカラーTVに異変が起きている。

2003年4月、松下電器と東芝はブラウン管事業を統合した。生まれた合弁会社が松下東芝映像ディスプレイ（本社：大阪府高槻市）である。ところが、その7か月後の2003年11月、事業統合したばかりの松下東芝映像ディスプレイは「2004年9月までにブラウン管事業から撤退する」との発表が行われた。

「えっ、松下はブラウン管TVをやめるのか。世界中に出回っているTVはどうなるの」

と先走った声が上がったのも無理はない。撤退するのは日本国内だけで、中国など海外工場ではカラーTV用ブラウン管の生産は継続する。後述するが、世界中にまだ十分な市場があるのに、撤退などできるわけがない。

今回の決定内容は、松下東芝映像ディスプレイ向けにTV用ブラウン管の生産を受託してきた松下電器高槻工場（年間50万本生産）と東芝姫路工場（年間２００万本生産）が２００４年9月までに生産を中止するという内容だ。

既に三菱電機、日立製作所はブラウン管事業から撤退しており、ソニーも２００３年をもって中止を決めている。これで日本からTV用ブラウン管の製造拠点がなくなることになる。松下電器が日本国内の生産を中止した背景には、中国製TVに押された形でブラウン管の価格が下がり、その上、液晶やプラズマの薄型TVが急伸していることが挙げられる。松下電器高槻工場の４００人はプラズマ生産で人手が足りない茨木工場への異動が検討されているという。

では、実際に中国でカラーTV用ブラウン管生産を大々的に展開しているBMCC（北京・松下彩色顕像管有限公司）は今後どうなるのか。前述のように日本でのTV用ブラウン管の生産が中止になったからといって、すぐにもBMCCも生産をやめるわけではない。

「90年代のはじめには何度も〈ブラウン管の時代は終わった〉、〈他のディスプレイ装置になっていく〉と言われ続けてきました。ブラウン管は衰退産業と言われながらも、そのたびに技術革新を施してお客のニーズに応えてきたので、いまでも生き残っています。液晶やPDPに喰われるのは仕方のないことですが、共存関係は十分に成り立ちます。それに技術の革新で平面型TVの画像がずいぶんときれいになりましたよ。決してプラズマの画面にもひけを取りません」（北京のカラーTV用ブラウン管プロジェクトに関わってきた前出の青木俊一郎・日中経済貿易センター理事長）。

現在のカラーTV用ブラウン管の市場規模は微増ながら拡大しており、２００８年まで世界のブラウン管TVは毎年２％の微成長で伸びが途切れないとの予測も出されている（ちなみに、２００４年の世界のブラウン管TVは１億２１３５万台規模の市場である）。地球上にはアフリカ・中近東などまだTVのない家庭があちこちに存在する、いわば「未開拓市場」がたくさん残っているのだ。従って、こうした未開拓市場に供給していく上でも、BMCCでの生産は引き続き必要なのである。

## プロジェクションTVの意外な人気

液晶やPDPの生産コストが急激に下がれば別だが、そうでない限り、まだまだブラウン管の生きる道もあるのだ。日本でブラウン管生産を中止するソニーも、中国では生産をそのまま継続する。ソニーが世界に誇り、いまも世界中で愛用されている「トリニトロン」をソニーが簡単にやめるわけがない。

例えば、トヨタ自動車には高級車の「セルシオ」もあるが、大衆車の「カローラ」もある。そう考えると、今後PDPも売れてくるだろうが、ブラウン管の存在もまだまだ貴重なのである。

松下電器は日本でカラーTV用ブラウン管の生産を中止するが、その一方で北京のBMCCでは増産も検討中だという。それほど、アフリカ・中近東など未開拓市場へのアプローチに大いなる可能性を見出しているからだ。

その上、「中国でPDPのような高精度の画面はまだいらない」という意見もある。プロジェクションTVの大型画面（ブラウン管式）もいまは手頃な値段で買えるし（値段はPDPの半分、ブラウン管の２倍）、大市場にもなっている。この大型プロジェクションTVはカラオケでも使えるので、人気が高い。

米国でもプロジェクションTVは人気で、松下の米国工場はプロジェクションTVで結構利益が出ている。プロジェクションTVは日本人ほど画質にこだわらない米国人にとっては依然商品価値が高いようだ。中国人も同じだ。ということは、日本人だけがなぜか異常に高精度画面を求める〈ハイビジョン・マニア〉の傾向がある。しかし、こうした性向があるからこそ、日本のTV技術は高度に進化してきたと言える。

中国のプロジェクションTVの市場は1998年にわずか5000台だったものが、2002年が60万台、2003年には80万台になるとの見込みで、2006年まで年率30％の増加が見込まれている。このプロジェクションTVは今後の中国のハイエンドTV商品の主流になっていくだろう。

## 中国でのCRTとPDP

「中国だけでもTVは3400～3500万台あります。その殆どが依然と旧来のブラウン管方式です。いま徐々に平面（Flat Type）型のブラウン管TVに変わりつつある状況です。それでもまだ2割くらいなんです。

（旧来型のブラウン管TVは画面の隅が少しだけカーブして丸くなっており、映像はその箇所だけ多少見にくくなっている。一方、平面型のブラウン管TVはその丸みが取れて、画面すべてが平たくなっており、端っこまでクリアな映像が見られる）

春節や国慶節などで上海や北京から田舎に帰る人を見ていると、14インチとか21インチのTVをお土産として持って帰っています。日本から見れば、〈ホンマかいな〉と思われるかも知れませんが、中国の実態はまだそういう状況です。徐々に増えつつある平面型TVは従来のものよりも価格が1・5～1・6倍します。いずれ1・3倍くらいまで下がってくるでしょう。こうした平面型TVは沿海部の都市の人が買っています。田舎はまだまだ旧来のブラウン管TVです。4～5年やそこらではブラウン管TVはなくなりませんよ」こう言うのは、中国・北東アジア本部長であり、松下電器（中国）有限公司（MC）の伊勢富一董事長（会長）。

ただし、中国の富裕層はプラズマを競って買っている現実も無視できない。

「プラズマの需要はまだ60万台程度です。3500万台のうちの60万台では2％にも満たない。100万台に増えたとしても3％ほど。主流を占めるには程遠い状態です。液晶型TVもほぼ同じ傾向です。2008年の北京オリンピック、2010年の上海万博に向けて中国の民度や生活基盤が上がっていくのは見えているので、プラズマTVや液晶TVの市場は確かに大きくなるけれど、その一方でブラウン管TVはそれほど極端にしぼむこともないでしょう。

松下電器は北京のBMCCでブラウン管、上海のSMPDでプラズマを手がけていますが、ブラウン管ももっと増やしたいし、プラズマも伸ばしたい。両方、力を入れていきたい。BMCCは現在の敷地内で増強も可能ですが、設備投資はあまり嵩まずにできればと思っています。収益も出ていますしね」（伊勢董事長）。

既に述べたように、ブラウン管の生産について松下電器は東芝と事業合併して、松下東芝映像ディスプレイを設立している。日本でブラウン管TVの生産がしんどくなった場合は、中国にシフトする考えも出てくるだろう。そうすると、シフトしてきたセットメーカーへの供給も増える。そういう意味では、まだまだ事業は続くと思われる。

## 液晶・PDP、さらに有機EL・SEDも

そうは言いながらも、今後、世界の趨勢は徐々にデジタルTVへ移行していくだろう。とくにTV市場の成熟した地域ではそうなる。中国もデジタル化の波がそこまでやってきており、2015年までにアナログ放送を中止し、全面的にデジタル放送に切り替える（日本は2011年の予定）。デジタル対応のブラウン管式TVの商品開発も急速に進んでいることから、沿海部の高所得者層を中心にデジタル化への流れは勢いを増すだろう。

中村（邦夫）氏がかつてのAVC社と呼ばれていたカンパニー（現パナソニックAVC）の社長に就いた1997年当時、世はソニーの平面ブラウン管TV「べガ」（96年発売）の天下であった。ソニーに遅れをとった松下電器も早速、TV事業部の立て直しにかかり、その対抗戦略商品として目を付けたのがPDPの開発であった。

この時、ソニーが現有商品の寿命を読み間違えたのか、あるいは松下電器がPDPの到来をうまく読み取ったのか、という戦略の違いが今日のソニーと松下のTV事業の業績差となって現れていると言えそうだ。

現在、日本のTV市場は約1000万台、そのうち薄型TVは150万台（PDP50万台、液晶100万台）という状況だ。一方、世界の薄型TVは790万台（PDP195万台、液晶595万台）。JEITA（電子情報技術産業協会）によれば、2008年には世界の薄型TVは3200

万台（全カラーＴＶの約22％相当）との予測が出ている。

そうした中で、シャープは全面的に液晶に特化する方向だ。これは液晶事業に強いシャープだからこそ可能であって、総合家電メーカーは専門化するところまではいかない。というのは、いまでも上海で白黒ＴＶが１台10ドルで生産されており、しかも儲かっている。要は、前述のようにまだＴＶさえも所有していない国や地域が世界にはまだ存在し、そのニーズに応えようとすれば、みすみすブラウン管を捨てるわけにはいかないのである。

ただ、日本国内のＴＶ出荷額では薄型ＴＶがブラウン管式ＴＶを２００３年度に、販売台数では２００５年度に抜くようだ。参考までに言えば、２００２年度の松下電器の薄型ＴＶはＰＤＰと液晶で世界販売30万台（シェア30％）、売上げ約１０００億円に達している。

松下電器は「薄型ＴＶでグローバル№１」を目指しており、２００５年には４００万台（ＰＤＰ１５０万台、液晶２５０万台）、シェアも30％を確保する予定だ。

薄型ＴＶの中でもＰＤＰと液晶間の競争はどうなっているのだろうか。大雑把に言えば、32型以下は液晶で、37型以上はＰＤＰと言われてきた。液晶は輝度・明所コントラストに優れ、ＰＤＰは応答速度・視野角に秀でている。こうした棲み分けがあったが、最近ではあまり差はなくなってきている。とくに、液晶の大型画面化が目立ち、シャープは今夏に45インチ液晶ＴＶを発売予定としている。これを受けて、ＰＤＰは50インチ以上へとさらに大型化に向かう傾向だ。松下電器ではシャープとは逆に薄型ＴＶ投資ではプラズマパネルに特化し、大型液晶パネルは他社からの調達なども検討することになった。

市場の予測は簡単なようで、実は非常に難しい。例えば、携帯電話だ。日本の各家庭には電話が十分に行き渡り、街には公衆電話が溢れていた。こんな日本で、まさか燎原の火の如く携帯電話が広がるとは誰も予想しなかった。携帯電話が出てきた当初、「日本では携帯電話は不要だよ。見渡せばどこにでも電話があるからね」と一笑に付していたのも束の間、アッと言う間に街角から公衆電話を駆逐してしまい、いまでは携帯電話が街を支配しているほどだ。

もしかすると、プラズマとて同じかもしれない。後を追いかけるように、有機ＥＬ（エレクトロ・ルミネッセンス）やＳＥＤ（表面電界ディスプレイ）が取り沙汰されている。

## ＶＴＲとＤＶＤの共存

２００２年３月期に２０００億円にも及ぶ多額の赤字を出してしまった松下電器が翌２００３年３月期には営業利益１２６０億円の黒字に転換するが、それに多大の貢献をしたのがＤＶＤレコーダーである。

しかし、ここにも技術の伝承があった。従来の主力製品だったビデオ（ＶＨＳ）がＤＶＤに変わりつつある中で、松下はＶＴＲ技術の中枢であるヘッドとシリンダーの部分は放さなかった。逆に見れば、年産２０００万台分のＶＴＲをつくる能力を持っているのは松下電器だけになっている。これが活きた。

ＤＶＤレコーダーもあるが、その一方で街にはまだＶＴＲ（ビデオ）が存在している。となると、ＤＶＤとＶＴＲのどちらでも録画できる商品が必要だ。このニーズに松下電器は応えている。これが「ビデオレシーバー＝ＶＴＲ・ＤＶＤ共用型」だ。これをつくれるのは現在でもＶＴＲの技術と設備を残している松下電器だけということになる。最近まで、このタイプは松下電器の独占状態だった。

中国や米国では急激にＶＴＲ・ＶＣＤからＤＶＤに換わっているが、依然、ＶＴＲも使われている。残しておけば、まだ新しい技術が生まれてくるかもしれない。その典型が前述の商品ということだ。大連の中国華録・松下電子信息（ＣＨＭＡＶＣ）が奇跡的な復活を遂げた背景には、ＶＴＲ技術の蓄積と、その設備機械の有効活用にあったのは既に述べた。

役に立たない先発技術なんてないのである。残しておけば、宝が生まれるのだ。

## 「ＶＴＲの再来」ＤＶＤレコーダー

松下電器はＶＨＳ式ＶＴＲ一体型商品を出して消費者に喜ばれたものの、今後は大容量化と高機能化が求められるのは必須。そこで２００３年夏に「ＤＩＧＡ（ディーガ）」シリーズの「ＤＭＲ－Ｅ２００Ｈ」を発表。長時間録画とＤＶＤに保存できるＨＤＤ（ハードディスクドライブ）内蔵型の商品だ（売出し時の希望小売価格は19万８０００円）。ＨＤＤ内蔵型のＤＶＤレコーダーとは、どういうものか。

通常、撮っておきたいＴＶ番組はそのままＤＶＤに直接録画するわけだが、ＨＤＤ内蔵型ではいったんＨＤＤに記憶させておき、その後で残しておきたいものだけＤＶＤに移し替えるのである。その分、価格も高い。しかし、その便利さが受けて、「ＤＩＧＡ」は他社を完全に引き離し、文句ナシの大ヒット商品となった。

いまも日本のＴＶコマーシャルでＫ－１の人気格闘家、ボブ・サップを起用して大々的に宣伝している。シェアも50％を上回るほど売れまくっており（2002年度のシェアは40％）、以後も新製品を次々に発表し、月産100万台の目標を掲げている。

DVDレコーダーは大雑把にカテゴリー分けすると、4タイプになる。VHSビデオ一体型、DVD単体型、DVD＋HDD普及型、DVD＋HDD高級型だ。2003年12月時点での松下電器の主なDVDレコーダーのラインアップは、以下の通りだ。

VHSビデオ一体型　DMR－E70V（実売価格6万9800円）
DVD単体型　DMR－E50（同5万2800円）
　　　　　DMR－E60（同6万1800円）
DVD＋HDD普及型　DMR－E80H（同6万8800円）
　　　　　DMR－E100H（同9万9800円）
DVD＋HDD高級型　DMR－E200H（同12万8000円）

前記のように、ビデオ一体型は最近まで松下電器の独占状態であったが、東芝、ビクター、シャープなどが対抗機を出してきたので、松下の独占も少し切り崩された。また、DVD＋HDD高級型は松下、東芝、パイオニアの3社が市場をリードしている。

DVDレコーダーは2003年のクリスマス及び年末商戦から2004年にかけて普及期に入りつつある。そのためにはバリエーションのある製品ラインアップが不可欠だ。各社とも5機種前後の品揃えで販売戦略に力を入れている。圧倒的なシェアを誇っていた松下電器も安閑としてはいられなくなった。

ただ、松下電器はVHS式VTRで世界シェア15〜20%を占めていたというから、DVDレコーダーでも同様のシェア獲得は可能かもしれない。DVDレコーダーが松下電器にとってまさに「VTRの再来」と位置づけられる所以だ。シンガポールのパナソニックAVCネットワークス・シンガポール（PAVCSG）で2004年2月からDVDレコーダーの生産が始まるのは、その増産計画の一環である。

日本ではVTRやDVDプレーヤーからDVDレコーダーへの移行が急速に進んでいる。録画文化の日本ならではの現象だ。欧米もそれに続く気配が出ている。しかし、中国などでは、録画済みのDVD（DVD－R方式で録画）を再生するために再生専用機のDVDプレーヤーを好んで使う。かつてのVTRよりは録録画済みのVCDを好んだように。

ちなみに、中国のDVDプレーヤー市場は2002年が1100万台、2003年は1500万台の予定だ。一方、日本のDVDレコーダー需要は2003年が125万台、2004年は220万台、2007年には470万台とつい最近まで予想されていたが、既に大幅な上方修正が行われている。同様に、世界のDVDプレーヤー・DVDレコーダーも2003年は5000万台を超え、VTRの3000万台を大きく引き離すことになる。DVDの時代がやってきている。

## 3 中国で4割のPDPシェア
### ——中国人の中国人による中国人のための事業モデルへ

#### 国産プロジェクト第一号

松下電器が海外で唯一PDPを生産する既出の上海松下等離子顕示器有限公司（SMPD）の設立は2001年1月、資本金は7000万ドル、日本側が51％を出資している。残り49％の出資は上海広電電子41・9％、上海工業投資（集団）4・5％、上海広電（集団）2・6％となっている。パートナーである上海広電（集団）や上海広電電子は松下電器との関わりが深いことは既に述べた。

事業内容はPDP完成品及びPDP関連製品・部品の生産である。分かりやすく言うと、画面にあたるのがパネル（PDP＝プラズマ・ディスプレイ・パネル）であるが、これを生産し、そしてTVまで組み立てる一貫生産工場である。操業開始時の従業員数は150名ほど（うち、日本人3名）だったが、現在は1170人（2003年12月時点）。場所は上海の浦東新区金橋。敷地面積は約4万7000平方メートル、建物面積は約1万7000平方メートル。

セット生産の開始は2001年12月、2002年12月以降は月産5000台規模となった。そして、このほど生産量を4倍に引き上げている。その理由は、中国が急激にPDP市場を拡大させていることから、その供給体制を整えるためである。中国当局としても先端製品であるＰＤＰは国家重要プロジェクトの位置づけにある。

そのためにＳＭＰＤは中国国家発展計画委員会よりＰＤＰ国産化プロジェクト第一号に指定されているほどだ。その結果、ＳＭＰＤは中国初の「パネルからセットまでのＰＤＰ一貫生産体制」を整えた企業となっている。

開所式典がＳＡＲＳのために半年延期になったことは松下電器にとっては残念だが、生産計画が大きく狂うというほどのものではなかった。

ただ、開所式を半年も待たされた中村社長にとってみれば、もっと気合いの入った挨拶をするはずのものが、多少意気を削がれた感は否めない。それでも、上海市当局やパートナーである上海広電グループに対して気を遣ったメッセージ性のある挨拶を行っている。

「工場を立ち上げると、とかく日本人スタッフが多くなりがちにある。それではいけません。優秀な中国の人たちが重要な仕事ができるように可能な限り日本人スタッフを少なくしたい。これまでの中国拠点とは一味違うように、ＳＭＰＤを中国人の中国人による中国人のための事業モデルにしていきたい」

## 中国で４割のシェア

中国のＰＤＰ市場規模と松下電器（ＳＭＰＤ）の中国販売計画台数及びシェアは次のようになっている。

| | 中国全体 | 松下 | 松下のシェア |
|---|---|---|---|
| 2002年 | 1万台 | 5000台 | 50% |
| 2003年 | 6万台 | 2万5000台 | 42% |
| 2004年 | 15万台 | 6万台 | 40% |
| 2005年 | 30万台 | 13万台 | 43% |
| 2006年 | 45万台 | 19万台 | 42% |

PDP製品の標準価格はチューナー一体型（42インチ）が4万1999元（約53万7587円）、二体型（42インチ、チューナー付き）は3万7999元（約48万6387円）、50インチ（チューナー付き）は7万3999元（約94万7187円）である。店頭に並べば、実際はこれよりも安くなる。

［※2003年1月14日時点で1人民元は12・8円］

「SMPDは2003年第2四半期から黒字化しています」（記者会見で本土SMPD社長）。

この会見場に同席していたPAVC（パナソニックAVC）社の森田副社長も「PAVCとしても中国でのPDPをV商品の№1に位置づけている」と語っている。

PDP生産は基本的に上海のSMPDで実施していくが、将来的に生産拠点の拡大が必要となれば、SMPD第2工場、あるいはSMT（山東松下映像産業有限公司）など別途他地域での生産も検討する可能性を否定していない。現時点では松下電器と提携関係にあるTCLとの間ではそういう話はまだ持ち上がっていない模様。

パネル生産は日本と中国以外に具体的な計画はないが、セット商品に組み立てるのは消費地生産が好ましいので、市場動向を見ながら日本と中国以外の地域でのセット生産も検討中だ。

## 日本と中国の棲み分け

ＰＤＰを生産する日本の茨木工場と上海のＳＭＰＤの関係はどのようになっているのだろうか。

昨年まではＳＭＰＤの販売対象は中国国内25％、輸出75％（日本や欧州向け）だったが、中国市場の拡大に合わせて、順次中国販売比率を高め、

「２００６年には中国国内80％、輸出20％とする予定」（ＳＭＰＤ幹部）とのことだ。

松下電器全体としてはパネルの外販（２００３年度は18％）とＰＤＰ完成品ＯＥＭ（相手先ブランドでの供給）があるが、ＳＭＰＤとしてはパネルの外販は一部の中国国内メーカー向けにあり、またＯＥＭ販売はないものの、将来的には検討していくとしている。

上海を拠点するＳＭＰＤは中国とアジア地域を主な販売対象とする。日本は国内をメインとしながらも、北米、欧州、中近東、アジア大洋州への輸出も力を入れる。前述のように、世界の薄型ＴＶ市場は２００４年に１０００万台、仮にＰＤＰとＬＣＤが半々だとすればＰＤＰ市場は５００万台である。見逃す手はない。

「ＰＤＰ市場の動向を見極めながら、日本と上海、そして有望な消費地での生産・販売の事業戦略をタイムリーに策定していくつもり」（同）。

近々、茨木工場では第２パネル工場が稼働予定で、チェコとメキシコでの組立生産も検討している。

ところで、その他のディスプレイ（LCD、有機EL、SEDなど）と比較して、PDPの事業優位性については

「PDPは自発光で広視野角です。自然な映像、動画応答速度が速い。そして、何よりもデジタル時代に対応したメカニズムを備えている点です。今後もさらなる機能向上が見込まれ、大型薄型TVはPDPが最も優れたデバイスであると考えます」

さらに、

「端的に言えば、大型LCD（液晶）に比べて設備が安価で、生産工程もシンプルで、事業の拡大が容易であるのが特徴です」

そうは言いながらも、次世代ディスプレイへの取り組みも怠ってはいない。有機ELやSEDについても、

「松下全体としても将来を考えて次世代デバイスの調査、研究は実施していく」

ただし、研究内容については、

「それだけは勘弁して下さい。ライバル・メーカーの目もあるし、いまは明らかにできません」

## 4　快進撃の大連DVD工場
### ――血を入れ替えて再生した中国華録・松下電子信息

中国華録・松下電子信息（CHMAVC）＝中国遼寧省大連市でDVDの生産を行う。1994年6月設立。松下電器（50％）と中国華録集団公司（50％）の折半出資会社。不振のVTRをやめてDVDに切り替えて以降、業績が好転して大成功している。

### 大連へ

2003年9月5日北京。雨。

その日は朝から強い雨が降り、街は車が渋滞してごった返し、夕方になってもやまない。17：30発の中国南方航空で大連周水子国際空港に降り立つ。まだ雨足は一向に衰えていない。タクシーに乗ると窓ガラスにバチッバチッと雨しぶきが降りかかり、街の様子を眺めるどころか、車の10メートル前方さえはっきりしない。北京以上に街は車で混雑している。

翌朝、雨は上がった。

沿海部には北京、上海、広州など近代的に変貌を遂げている大都会がいくつもあるが、おしなべて土地が平坦であり、見渡す限りビルや建物で埋め尽くされている。人口は大連が550万人であるのに対し、北京が1383万人、上海は1614万人(2001年ベース)もいる。北京や上海では、いざ人が集まると、それは空前の人口密度をつくりあげる。蟻が入り込む隙間もないほどに人で溢れかえる。あまり人が多過ぎると、自然淘汰の法則が思い出されて、あまり気分のいいものではない。大連はその感覚すら頭をよぎらない。大連というところは、もしかすると、日本人にとっては中国の中では一番居心地の良い街かもしれない。

12年ほど前、大来佐武郎氏(元外相)から、

「大連というのは〈小パリ〉と呼ばれるくらい美しい街だったね。冬は寒く、零下15度にも下がったけれど、夏は海で海水浴ができるくらい暖かい。親日的だし、大連は私の故郷なんだ」

と生まれ育った大連を懐かしむ話を聞いたことがある。

「あそこは〈アカシアの街〉とか〈坂の街〉と呼ばれているのを君は知っているか。変化に富んだ土地の起伏があって、嬉しくてつい駆け出したくなるような街並みなんだ。君も行ってきたそうだが、そう思わんかね」と同意を求める口調に何となく頷いてしまった。

中国の都市の中では日本語を話す(あるいは理解する)人たちの比率が一番高い地域としても知られている。中国各地に暮らす日本企業駐在員の多くも「大連に来ると落ち着くんですよ」と柔和な顔つきで漏らす。そういう街である。

## 大連高新技術園区の入居第一号

中国に松下電器の会社は53社(うち、製造会社は43社)ある。その中でも、後々まで語りぐさにな

中国華録・松下電子信息有限公司の本社兼工場

るほど獅子奮迅の時を過ごした会社が2社ある。一つは、中国の要請に基づいてカラーTVブラウン管生産を行うために松下電器の戦後中国進出第一号となった北京・松下彩色顕像管有限公司（ＢＭＣＣ）である。もう一つは、ＶＴＲ生産でつまずき、撤退の危機も囁かれたものの、ＤＶＤ生産に切り替えた途端に快進撃を遂げ、起死回生を果たした中国華録・松下電子信息有限公司（ＣＨＭＡＶＣ）である。

この大連ＤＶＤ工場を訪ねた。

大連周水子国際空港を起点にすれば、車で東南方向に走れば約20分ほどで市内中心部に着くが、その途中（ほぼ中間地点）で真南の方向に行き、解放広場や星海広場を突き当たる手前を右折して西方向に進み、しばらく走って大連医科大学、大連東北財経大学などを通り過ぎれば大連市高新技術園区に辿り着く（このままもっと先に進めば、日露戦争で有名な遼東半島突端の「旅順」に辿り着ける）。

空港から約30～40分ほどの距離である。高新技術園区とは、いわばハイテク・ゾーンのことであるが、ここに中国華録・松下電子信息有限公司の本社兼工場がある。ここはもともと桃畑であったという。通りから少し離れた位置に玄関入り口があるが、通りから見ると、わずかに小高い丘の斜面の上に本社兼工場が建てられているのが分かる。正門入り口を背にすると反対側には従業員2700人（家族は250組）が住む寮が立ち並んでいるのが見える。その寮のさらに後ろ側は、もう海が近い。

大連高新技術園区は1994年にできたが、その入居第一号が中国華録・松下電子信息有限公司なのである。

「よくいらっしゃいました。昨夜の雨はすごかったでしょう。大連や北京は滅多に雨が降らないので有名ですが、あれは数年ぶりの出来事だったんですよ。普段はあんなに降りませんからね」

こう言って迎えてくれたのは、中国華録・松下電子信息有限公司の江坂雄南総経理だった。

## 「一条龍」プロジェクト

CHMAVCの設立は94年6月。現在の資本金は240億円（円換算）、松下電器50％、中国華録集団有限公司50％の折半出資である。生産品目は

（1）VTR完成品及びVTRキーパーツ（ヘッド、シリンダー）
（2）DVD完成品及びDVDメカニズム・光ピックアップ、DVD−ROM
（3）ND（Nintendo）メカ
（4）CDユニット、AR1メカニズム

（5）液晶ビデオプロジェクター
（6）ホームシアター、マイクロコンポ

2002年12月時点での従業員数は4500名を超え、平均年齢は24歳と若い。大連市を中心に採用している。

「若くて元気がいいのが取り柄です。人材は豊富ですよ」（江坂総経理）。

実を言うと、このCHMAVCの事業は10年前の進出当時とその後では大きく様変わりしている。90年代初頭、松下電器は中国政府からビデオ基幹部品生産からビデオの完成品に至るまでの一貫生産事業を持ち込まれている。VTRは当時の最先端商品であり、この国産化は中国としても是非にも欲しいプロジェクトであった。

この時、声をかけられた日本企業には松下電器以外に数社（東芝、日立製作所、韓国・三星など）あったという。複数社の候補企業があったので入札制となったが、最終的に「VTR事業をやるなら松下電器がベスト」となり、決まった。当時、VHS方式のVTR事業で他社をリードしていた松下電器の実績からすると、中国側が松下の参画を待ち望んだのは当然のことと言えた。

このVTRプロジェクトは「龍の頭から尻尾」までを意味する「一条龍」プロジェクトと呼ばれた。「頭から尻尾まで食べられる魚」ではないが、いわば丸ごとの事業という意味だ。「源泉」レベルから部品製作、さらには完成品組立まですべての工程を中国内で自己完結しようという大胆な構想であった。

プロジェクトの内容はどういう手順で始められたか。

まず、松下電器が中国華録・松下電子信息有限公司に50％出資し、VTRの基幹部品（ビデオデッキ）の製造を行い、その基幹部品を中国全土9か所の定点工場（中国企業）に技術支援を伴って持ち込み、その定点工場で完成品に仕上げる……というものだ。この9か所の定点工場とは、以下の企業だ。

大連華録集団
北京電子設備廠
北京広播器材廠
成都錦江電機廠
熊猫電子集団
上海徳加拉電器
上海録音器材廠
厦新電子
仏山無線電一廠

頭に地名がついているので一目瞭然だと思うが、それぞれが全国各都市に本拠を置く工場である。

「これらの9定点工場はもともと各種の家電製品をつくっていましたが、ＶＴＲはまだ未経験でした」（ＣＨＭＡＶＣ中川能亨管理部長）。

ＶＴＲをつくるプロジェクトが動き出した時に中国政府が参画希望の企業を募ると13社が手を挙げた。どの企業でも良いというわけではないので、詳細に検討した結果、先の9社が選ばれ、これら9社

CHMAVCの歩み

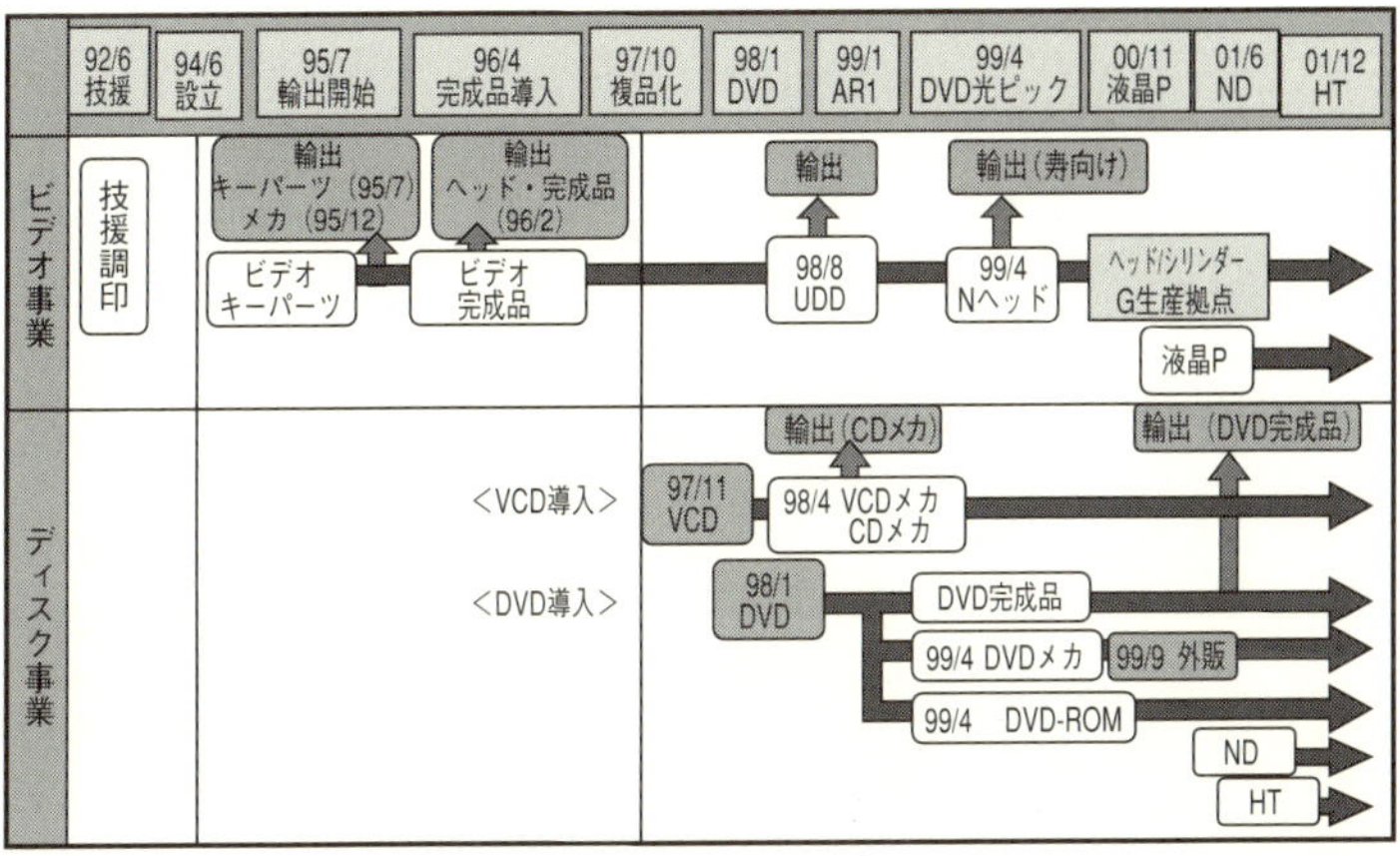


が出資して「中国華録集団有限公司」をつくり、中国側のパートナー組織となったわけである。

## VTRの失敗

松下電器はこの9か所の定点工場に技術援助を行い、完成品に仕上げるのをサポートした。この技術援助契約を結んだのが1992年6月のことである。

「実は、この契約が締結される直前まで松下電器がプロジェクトをリードすることが決まっているわけではありませんでした」（江坂総経理）。

中国政府が自身で100%出資して会社をつくり、事業を全面的に掌握し、同時に定点工場への支援も行うという案も出ていたのである。そうなる可能性があったとしても、松下電器は協力する意思を持って技術援助契約を結んだのである。その後、中国政府の中で論議が起こり「やはり外資の協力を仰いだ方が成功の確率が高い」という意見が大勢を占め、松下電器に投資協力要請した経緯がある。その結果、松下電器は資本の50％を出して折半出資合弁会社という形のプロジェクトに参画することになった。

「中国側の狙いは明らかに〈技術移転〉です。中国側がこの条件を出す以上、外国からの輸入ＶＴＲ品には高い関税が課せられ、中国内のＶＴＲ生産・販売はある意味で保護されることになります」（中川管理部長）。

従来、こうした輸入規制策は自国産業発展のためにはどの国も同じような措置をとることが多かったわけで、何も中国だけが特別の措置をとったわけではない。こういう中国政府の特別措置もあり、ＣＨＭＡＶＣのＶＴＲ生産・販売はしばらくの間は守られることになった。

94年6月の法人設立を経て、96年にはビデオの完成品が出来上がった。しかし、この事業は間もなく頓挫する。その背景には、中国市場の読み違いがあった。中国ではＶＴＲ（ビデオテープレコーダー）の需要が大きくならなかったのである。なぜか。

「中国では日本のようにテレビ番組を録画して楽しむという嗜好がありません。これは民族性の違いと言うよりは、当時の中国のテレビ番組には録画に値するほどのものが少なかったことも大きな要因でしょう。録画が大好きな日本人とは好対照の環境だったのです」と江坂総経理。

この頃、中国ではＶＴＲよりもＶＣＤ（ビデオＣＤ）の存在が大きくなっていた。ＶＣＤとは、録画済みのＣＤのことで、録画機能のない再生専門のＣＤのことだ。好みのソフトを選んで購入すれば、家で楽しめる。中国に録画文化がない以上、手軽なＶＣＤが流行るわけだ。

カラオケ屋でもＶＣＤが使われていた。ＶＣＤの普及に輪をかけたのが海賊版の低価格ＶＣＤの出現である。

こうなると、消費者は低価格ＶＣＤに雪崩れ込んでいった。この表と裏のＶＣＤ市場が伸びる一方で、ＶＴＲ市場はみるみるうちにしぼんでいったのである。この時点で、市場を読み違えていることがはっきりした。

中国華録・松下電子信息有限公司は年間生産能力が３００万台であるが、最盛期でもその６割にしか達しなかった。当然、赤字が出た。

## ＤＶＤ生産への移行

遂に、松下電器本社では大連の工場の生産品目の変更を敢行した。

「ＤＶＤだ。ＤＶＤでいこう」

こう叫んだのは当時、本社でＡＶＣカンパニーの社長だった中村邦夫（現・松下電器社長）だ。見込みのないＶＴＲをやめて、中国で普及しているＶＣＤ用のプレーヤー（97年11月）、そして今後大きな成長が望めるＤＶＤプレーヤー（98年1月）の生産をスタートさせたのである。

ＶＴＲ生産を中止した段階で、前記の９か所の定点工場との関係は終了している。以降も、ＡＲ１（99年1月）、ＤＶＤ光ピック（99年４月）、液晶ビデオプロジェクター（２０００年11月）、ＮＤ（２００１年６月）、ホームシアター（２００１年12月）などという具合に製品群を拡充していった。

あの時点でＶＴＲ工場が閉鎖されていたとしても不思議はない。中国政府もたぶん分かっていたと思われる。ところが、中国政府から「何とかこの会社を再生できないだろうか」と要請された当時の森下社長はＡＶＣカンパニーの最高責任者だった中村を呼び、「この大工場を立て直すにはＤＶＤしかない」という結論に至ったのである。

特筆すべきは、日本の松下電器でDVDがつくられたのは96年からで、技術もまだ完全に確立しておらず、当然、日本のDVD市場も本格的には立ち上がっていなかった。そういう状況下にあるDVDの生産を大連に移す決定がなされたわけである。これはよほどの決断と言える。

一歩間違えれば、大損害になるだけでなく、松下電器が長い間にわたって蓄積してきた中国からの信頼も損なわれる。そういうリスクもないわけではなかった。

「大連でのDVD生産の決定を聞き、大騒ぎになりました。ビデオを立ち上げた人たちにとっては、DVDへの入れ替えは耐え難いことだったでしょうが、あのままだったら大変なことになっていました。この事業転換は、まさにドラマです。まるで血液を一気に入れ替えるようにVTRからDVDへと体質変換したんです。それができたからこそ、今日のCHMAVCがあるんですよ」（江坂総経理）。

これを機に、DVDは快進撃を続けることになる。

新しい生産体制に移行する際、VTR基幹部品生産用に使っていた生産設備をそのまま残した。この生産設備がDVD生産用の設備として転用可能だったからだ。つまり、生産設備を入れ替えずにそのままDVD生産にも活用できたのである。これが幸いした。そのおかげで投資額がかなり軽減されることになった。

変な話だが、VTRからDVDへと変わる際に技術や生産設備が引き継げるから良かったわけで、これが例えばエアコンのようにまったく異なる製品に置き換わろうものなら大変なことだったに違いない。生産設備の二重投資に加え、必ずや生産技術の習練に手間取ったことと思われる。

ＣＨＭＡＶＣの特徴

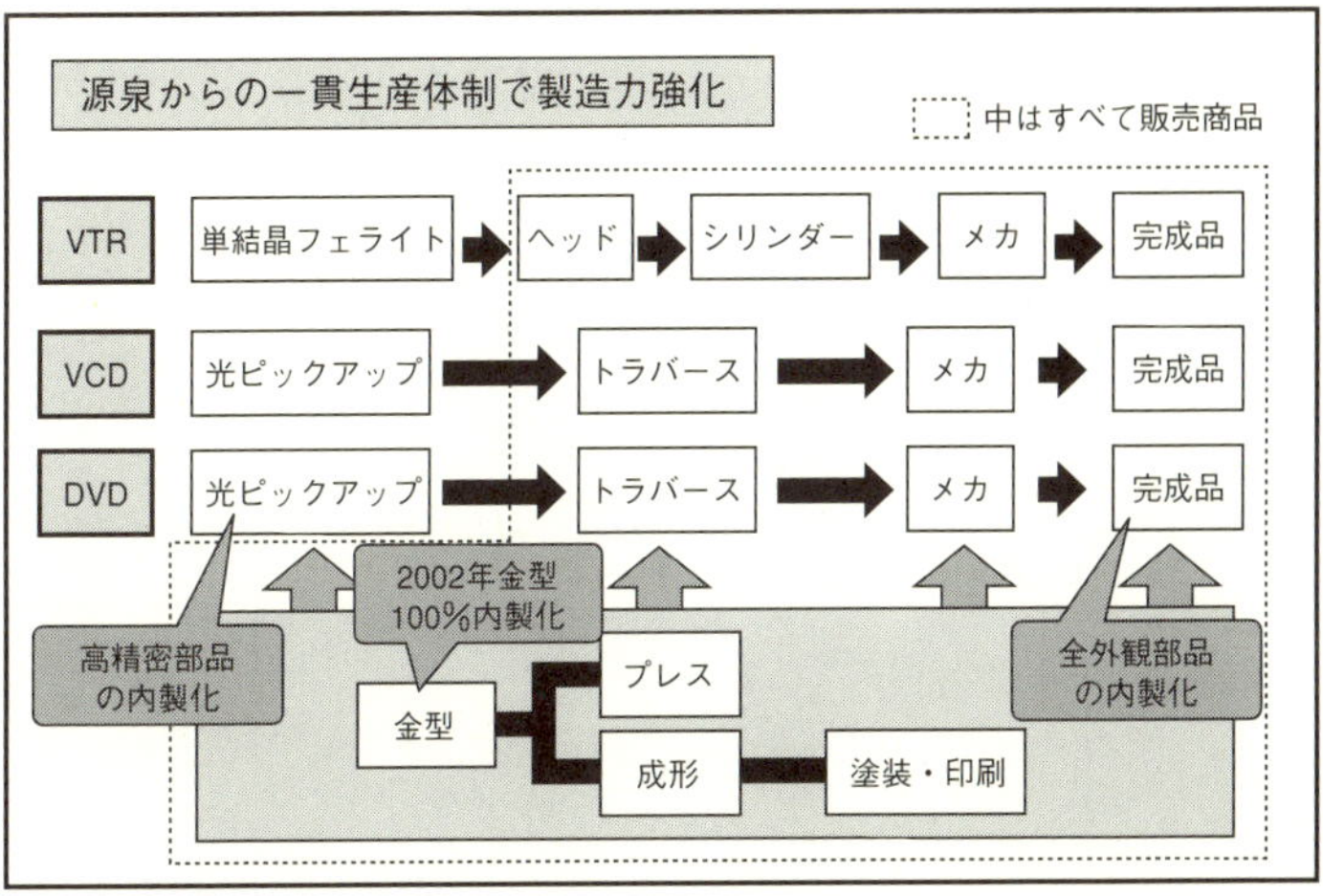


## 源泉からの一貫生産

ＣＨＭＡＶＣの特徴は2点ある。

一つは、ＶＴＲ事業でも行われた「源泉」レベルからの一貫生産体制プロジェクトであるために製造力が強い点だ。では、「源泉」とは何か。例えば、ＶＴＲ時代の源泉で説明すると、単結晶のフェライトをパウダー（粉状）で調達し、焼成、カット、着磁してヘッドをつくることだ。

つまり、素材・原材料を調達して、そこから部品やキー・デバイスをつくり、それを内製化して最終段階の完成品まで行うというものだ。部品を一つ一つ精密につくるノウハウはＶＴＲ時代の源泉工程を始めた時からあるわけだ。

「ＶＴＲの生産技術があったからこそ、従業員もＤＶＤ生産への大転換にもついて行けたと思います。そういう環境を整えていたからこそ、半年という信じられないくらい短い期間で立ち上げることができました」（ＣＨＭＡＶＣ岡島充総括部長）。

いまＤＶＤでもＶＴＲの時と同じように、光ピックアップの源泉から最終完成品まで一貫して行っている。これを支えているのは、やはり金型を自社でつくっている点だろう。ミクロン単位の部品が多いので、そのための金型を１００％内製しているのが強みだ。外観部品も一部内製化しているが、そのノウハウはきちっと蓄積されてきているという。

つまり、金型、成形、プレス、塗装・印刷の各工程を手がけ、２００２年には金型の１００％内製化を実現している。

ＤＶＤやＶＣＤは、光ピックアップの高精密部品の内製化も行い、トラバース→メカ→完成品という流れで出来上がる。完成品だけでなく、トラバースやメカ自体もそれぞれ商品として半製品及び完成品をつくる関係会社向けに販売されている。また、金型、成形、プレス、塗装・印刷も外販が可能となっている（金型の外販開始は97年から）。

そこで、ふと疑問が出る。

「まさか、外注の日系部品会社を工場に入れて協力してもらっているのではないでしょうね」と江坂総経理に聞いてみた。ところが、「いえいえ、松下電器だけでつくっています。原材料については、精密部品の一部は日本からですが、それ以外は現地調達しています。樹脂や鋼材関係も中国ですよ」と江坂総経理はニヤリとした。

松下電器がＤＶＤプレーヤー生産を行っているのはこの大連ともう一か所（ドイツ）があるが、主力は大連だ。源泉（素材加工や精密部品）から手がけているのはこの大連だけなので、大連でつくったメカニズムをドイツへ供給している。

## 中国モデルの開発

もう一つの特徴は、開発センターの存在である。

1994年当時は量産技術の部分、例えば設計を経て生産に移る過程で起こる仕様変更など設計とモノづくりをつなぐような工場技術（工技）が主体だった。

2001年以降はもっと深度を深めるために、自主開発に乗り出している。そのためには、中国製部品を採用することで原価を合わせる努力を始めた。日本との間で輸出モデルの共同開発も行われているが、同時に中国モデルの独自開発も重要な側面を持っている。

中国にはさまざまなディスクがある。日本や欧米のように著作権が確立している国のディスクはきちんとしている。

しかし、「何でもあり」の中国では基準を外れたディスクが出回っている。

例えば、歪みのあるディスクもある。日本では歪みのあるディスクは不良品という位置づけであるが、中国ではそういうものでもおかまいなしに売られている。そうしたディスクに対応したプレーヤーの設計が必要だ。

「中国には目で見てもわからないくらいミクロン単位でずれていたり歪んでいたりするディスクが多い。ＤＶＤとＣＤを両方とも読み込むための焦点を二つ持っているプレーヤーも、焦点が微妙に変わると読み込めません。ＤＶＤのスタンダードを守りながらＣＤを製作してくれれば両方とも読み込めるのですが、そうでないディスクが実に多い。それに対応できるプレーヤーの設計をやらなければなりません。これが結構大変なんです」（江坂総経理）。

ＤＶＤの中心ゾーンはどんどん売れているが、同時に一番値段の厳しいゾーンや、新カテゴリーのホームシアターなど複合商品関係などの自主開発も進めている最中だ。ソフト開発も一部手がけている。ＤＶＤプレーヤーは２００２年に日本から全部大連に移管されている。あとは、開発力が付けば、名実ともに拠点である。現時点においては、開発は日本と大連で半々の状態。

「中国専用機種は大連が開発し、世界市場向け機種は大阪のパナソニックＡＶＣ社（門真市）が開発しています。最近は世界市場向けのＤＶＤプレーヤーも徐々に大連に移しているところです」（江坂総経理）。

## 在庫と生産変動に強い仕組み

ＣＨＭＡＶＣの敷地面積は15万２０００平方メートル。正門玄関から入るとすぐ目の前に事務棟（1万１７００平方メートル）がある。それを突っ切ると工場棟（7万１９５５平方メートル）があり、建物延面積は9万５０００平方メートル。工場棟の形は横３００メートル、縦が１５０メーターの長方形型。工場棟の隣には食堂がある。

また、工場棟の北側には原動棟（６３０８平方メートル）、さらにその北側の突端部にはパートナーの建物が立っている。この敷地全体を俯瞰すると、野球のホームベースをひっくり返したような形になっている。

工場の正門を入ると、まずヘッド単結晶、ヘッドチップ加工、樹脂成形、外装塗装、プレス、金型を回って信頼性試験のコーナーに辿り着く。さらに、迂回すればプレス板・実装組立、ビデオシリンダー組立・加工、DVD完成品組立、出荷検査、包装という工程が1階にある。2階にはビデオヘッド組立、DVD－ROM、DVD完成品、DVDメカ・ピックアップなどから品質管理などの工程がある。製品の倉庫は1階の工場正門を入ってすぐ左手にある。

このように順路で工場を見学した。感心したのは、最初のヘッド単結晶のところだ。素材・原材料を調達して部品をつくるという「源泉」レベルから手がけているから、無駄な中間在庫も省けるのだと思った。

ビデオヘッドは1200万台分、完成品で言えば800万台分相当がある。組立工程では横一直線に流れるラインもあるが、6人ほどで構成されるセル方式も取り入れられている。セル方式は、いわば少数精鋭の多能工の集まる場所でもある。

この源泉から加工までの一貫生産工場を支えるのが「根幹」である。この根幹とは、生産活動の基本となる充実した設備環境のことである。

例えば、精密金型の設計・製造・外販、部品・治具の設計・製造、成型・プレス金型の補修・メンテナンス・外販、プレス・洗浄・熱処理加工、外装部品加工（塗装・ホットスタンプ・印刷）、などがある。

金型さえも内部でつくり、内製化への対応に抜かりはない（内製化は94年から開始）。ここでつくった金型を同じような部品やメカニズムをつくっている松下グループの海外工場に対して97年から供給（年間約200万元）し始めている。

「現在、工場には成形機が59台ありますが、もともとVTR時代に49台を入れていたので、その49台はそのままDVD生産で活用しています」（岡島総括部長）。

他には研磨機、CADやCAM、プレス機、印刷機、ホットスタンプなども揃っている。

プレスについてはピンの掃除などメンテナンスが大変そうだ。ピン数で多いのは200本もある。この中の一本でも折れたりすれば、金型に入らないので、止まってしまう。さらにはピンの摩耗も気をつけなければならないそうだ。

「内作はSCM(サプライ・チェーン・マネジメント)面での強みを発揮します。機構部品は殆どが専用品で、内製化しているので、そのリスクは軽減でき、専用部品である外観部品も内作しているので、在庫と生産変動に強い会社となっています」(岡島総括部長)。

## 2004年には累損一掃

実際にVTRからDVDへと生産品目を変えたのは1998年だが、収支的に影響が出たのは99年である。VTRの構造改革の後、シリンダー・ヘッドは継続して生産、99年に赤字を解消、2000年には無借金となった。累損一掃の予定は2004年となっており、その後は配当も開始できる。

「普通なら、とっくに累損一掃しているはずですが、やはりVTR事業がだいぶ重かったですね。最初の5年間は赤字で、その後の5年間は黒字になりました。まさに、5年目がターニング・ポイントになりました」(江坂総経理)。

中国ではDVDが年間4000万台生産されている(年率20~25%の伸び)。ところが、中国のDVD市場というのは約700万台、つまり残りの3300万台は輸出なのである。驚くことに、世界市場が4千数百万台なので、そのほとんどを中国でつくっている勘定になる。まぁ、すごいと言えばす

プリント基板の上には数多くの半導体が

工場内での作業風景

ごいことだ。ちなみに、ＣＨＭＡＶＣではＤＶＤのメカ・ベースで約８００万台分をつくっており、完成品ベースでは３００万台規模となっている。

中国では95年あたりからＶＣＤが登場してきている。ＣＤ市場よりも先にＶＣＤ市場が出来上がってしまったという世界でも珍しいケースだ。

通常は、カセットテープからＬＰ、ＣＤ、ＶＣＤへと移っていくのが平均的なパターンであるが、中国は市場が閉鎖されていたために、一挙にＶＣＤの市場が形成されてしまった。いま頃になってようやくＣＤが出回っている。

いずれにせよ、中国ではＶＣＤ市場が現在のＤＶＤと同じ７００万台規模で存在していたのである。だから、いまＶＣＤから急激にＤＶＤに置き換わっている最中だ。既にいま、ＤＶＤは７００万台に到達し、ＶＣＤも３００万台であり、合計すれば１０００万台という大市場だ。

世界のＤＶＤ市場は近々５０００万台に到達する模様だ。少なくとも、７０００万台をピークとしたＶＨＳの規模まで拡大するとの予測が出ている。そういう商品であればこそ、ＣＨＭＡＶＣはＤＶＤの基幹部品から一貫生産する工場として世界の主力生産・供給拠点に成り得る。

松下電器はかつてＶＨＳで15～20％の世界シェアを占めていたというから、

「ＤＶＤでもそれくらいの数字を取れたらいいですね。いまよりも増産体制となれば、現工場でフル生産（２班２交替、一部３班２交替）しているので十分に対応できます。いざとなれば瓦房店の分工場もありますから」と江坂総経理。

中国華録・松下電子信息有限公司の江坂雄南総経理（中央）、中川能亨管理部長（右）、岡島充総括部長（左）

## 瓦房店への展開

この瓦房店の分工場とは何か。松下電器にとってのDVD生産は大連のCHMAVCが供給拠点になっているが、2002年11月にはこの工場から北へ100キロのところにある瓦房店市に分工場を建てている。この瓦房店の分工場は大連工場で育った人材が運営している。

実は、瓦房店へは松下電器が希望して出たわけではないようだ。中国の農地政策に沿って、「もし大連工場を拡大する場合には、農村経済支援という観点で地域振興に向けた協力をして欲しい」と要請されたことをきっかけに進出している。

瓦房店の分工場のオープンは2002年11月だが、それ以前に2～3年借りていた経緯もあり、まったく馴染みのない土地への進出でなかった。

「もし、DVD生産が追いつかないほどになり、新しい工場棟がすぐに必要な場合は、大連の本工場に隣接するパートナーの敷地を譲ってもらうより、むしろ瓦房店の分工場を拡張することになるでしょう」（江坂総経理）。

瓦房店の敷地は6万3000平方メートル。高速を使えば車で1時間のところだ。政府がCHMAVCの協力に感謝して、高速道路の出口をつくったようだ。日本ではなかなかこうはいかない。さすがに社会主義の国だと、妙な感心をしてしまった。

大連の本工場と瓦房店の分工場の関係は、東南アジアのハブ工場に似ており、ハブ管理が可能だということだ。つまり、大連をハブにして、瓦房店を衛星工場にして展開するわけである。ただし、現時点では瓦房店の街には日系企業の駐在員はおろか、日本人はまだ一人もいないとのこと。日本人にとってはまだ住みづらいところのようだ。

## 2007年に100億元の要請

「いまは中国政府との合弁という形態なので、この会社は常に国家の発展計画の中に位置づけられています。2007年くらいまでに100億元（約1500億円）の会社を目指すという高い目標の要請が来ています。いまは40億元の規模なので、2倍強です。これを実現するには相当頑張らなければなりません」（江坂総経理）。

ただし、一方で松下電器本社の発展計画もあるわけで、中国側の要請にどう応えるかは中国政府と松下電器本社の話し合いになるものと思われる。それによって、具体的な技術援助の話にもなるということだ。

「基本的にはすべて松下100％でやれないこともないでしょうが、中国との協力関係の上に立った合弁事業なので、それこそ信頼関係が重要なんです」（江坂総経理）。

ＣＨＭＡＶＣのプロジェクトは当時の朱鎔基副首相が熱心に応援したので、中央政府との関係が深い。一方で、実際の工場は大連にあるので、遼寧省と大連市の協力も日常的に得ている。例えば、工場の近くまで電車（3両編成）ができ、かつては工場前の狭い未舗装の道路も広いアスファルト道路になった。電気も水道も止まることがない。いろいろな面でのサポートを受けている。それだけ、ＣＨＭＡＶＣに対する地元（遼寧省、大連）の期待が大きいのだろう。

ＣＨＭＡＶＣは要人の来訪が多いのも特徴だ。

1993年8月江沢民国家主席（第2回目は99年8月）
1993年10月朱鎔基副首相（第2回目は96年10月、第3回目は首相として98年11月）
1994年10月李鵬首相
2002年6月胡錦涛副主席（現国家主席）
2003年7月呉儀副首相
2003年8月黄菊副首相

とりわけ大物政治家の訪問が多いのが特徴である。

彼らは事前に調査していることが多く、質問がハッキリしているという。

「ＶＴＲはどうされましたか」、「ＤＶＤの調子はどうですか」などという具体的な質問をするそうだ。つまり、単なる儀礼的な視察ではなく、事業の継続性を確認しようとする質問が多い。

「いわば、政府のモデル工場にしたい気持ちがありありとうかがえます」（江坂総経理）。

基本的には要人の訪問は有り難いものだ。これは政府がそれだけ気にかけてくれているという証拠でもある。

第5章

# 高付加価値生産へのシフト

## 1 CCD生産のアジア戦略工場
### ——シンガポール的高付加価値生産は可能だ

シンガポール松下半導体（MSCS）＝1978年12月設立。松下電器100％出資。デジタルカメラやカメラ付き携帯電話向けにCCDやDVD・MDの光ピックアップ用ホログラムの生産を行う。高度化した人材活用で、高付加価値の製品にシフトしている。

### シンガポールのモノづくり

モノづくりにおいてまさに「中国の時代」が到来している。それはそれで一つの歴史的必然性でもあるわけで、誰も異論は差し挟めない。しかし、だからと言って「シンガポールや日本のような高コストの国はモノづくりなんかやめて、研究開発に特化したらどうか」と無神経に言い切ってしまう人がいる。こういう一面的な暴論が罷《まか》り通っていいわけがない。モノづくりをやめた国家など想像したくもないし、本当にモノづくりをやめてしまったら、国家の産業はいびつなものになってしまう。シンガポールに合ったモノづくりがあるはずだし、日本にしかできないモノづくりもきっとあるはずだ。こんなモノづくりのヒントを見つけるためにシンガポールを訪ねた。

シンガポールの国土面積は682・3平方キロメートルと狭い。とかく何かにつけいつも比較される香港でさえ1075平方キロもある。身近なところでは東京23区（621・45平方キロメートル）や淡路島（593平方キロメートル）を想像してもらうとわかりやすい。この狭いシンガポールの国土に337万人の人たちが住んでいる。高度に近代化された国家であり、教育水準も所得水準も高い。従って、人件費も当然のことながら高い。社会生活においても種々の規制や罰則があり、自由主義国家と言いながらかなり管理国家に近いものがある。

その典型例は、1997年香港の中国返還に、国外脱出をはかる香港人の行き先がカナダ、豪州、米国などであり、決してシンガポールを目指さなかったことだ。これはシンガポールがいかに窮屈な国家であると思われているかの証拠だろう。

しかし、これまでの長い中継貿易の歴史や優れた金融機能の役割を果たしてきたシンガポールはそれなりの高度経済国家としての評価は高かった。エレクトロニクス産業にみられるように60年代後半から70年代前半にかけて進出がラッシュしたが、その後は徐々にマレーシア、インドネシア、タイなど周辺国家に散らばっていった。

そして、昨今は「シンガポールはコストが高すぎて、モノづくりをするには割に合わない。やはり、モノづくりは中国だ」とバッサリと一刀両断の元に切り捨てられ、人々の関心は中国へ集中することが多くなった。

果たしてそうだろうか。本当にシンガポールのモノづくりは割に合わないことなのだろうか。十把一絡げに、「シンガポールはモノづくりに向かない」と一般論だけで言い切れるのか。

## 日系で初の海外CCD生産

シンガポールは前述のように国土面積が狭い。中心部から全島どこへも車で1時間ほどで行き着ける。従って、どこにオフィスや工場があっても、大抵が通勤圏内だ。中心部では地下鉄やバスのサービスが便利で、車でなくても簡単に移動ができる。

さすがにインフラ完備の進んでいる国だけあって、高速道路網は発達している。大動脈は島の東西を走るPan-Island Expressway（ＰＩＥ）と南北に走るCentral Expressway（ＣＴＥ）である。今回訪問したシンガポール松下半導体（ＭＳＣＳ＝Matsushita Semiconductor Singapore Pte Ltd.）は島のちょうど中心部に位置するアンモキオ（Ang Mo Kio）にある。市の中心部からＣＴＥに入り、ＰＩＥと交差するポイントをそのまま通り過ごしてさらに北上すると、Ang Mo Kio Industrial Park 1、Ang Mo Kio Industrial Park 2、Ang Mo Kio Industrial Park 3という具合に工業団地が並んでいる（お互いの敷地は隣接しているのではなく、かなり離れている）。シンガポール松下半導体はその中のAng Mo Kio Industrial Park 2に入居している。市の中心部から車で約25分のところだ。

シンガポール松下半導体は２００３年9月、デジタルカメラ用のＣＣＤ（電荷結合素子）の生産を開始した（着手は既に8月からであるが、本格化したのは9月になってからである）。

「日本企業が海外でＣＣＤ生産をするのは初めてのことです」

こう言うのは、ＭＳＣＳの斉藤正社長。

このＣＣＤ生産を含み、他の高付加価値製品の生産や開発研究費のために、同社は今後5年間で1億５０００万シンガポール・ドル（シンガポール・ドル＝約66・67円換算で約１００億円）を投資する。松下電器ではＣＣＤの前工程を砺波工場（富山県）、後工程を新井工場（新潟県）でＣＣＤ生産を行っており、これまでムービー用、デジタル用、監視カメラ用放送業務用などに使われていた。しかし、最近はデジタルカメラ市場の拡大に加え、デジタルカメラ付き携帯電話の需要が急速に高まり、新井工場だけでは間に合わなくなったために、海外生産に着手することになったものだ。

「今年末（２００３年12月）には月産１１０万個、２００４年には月産２００万個体制に持っていきたい。当社は創業以来、着実に経営を進めてきました。１００億円くらいであれば自己資金で十分可能です」（斉藤社長）。

さらにこれからの需要を考えると、増産は不可避的で、「いま生産計画について日本本社と相談中です」（同）。

## アジアの工場では後工程

日本におけるＣＣＤ生産は前工程が砺波工場が行い、新井工場では後工程を行っている。シンガポール松下半導体で行うのは新井工場と同じ後工程である。後工程というのは、いわゆる組み立て工程であるが、ＣＣＤは先端製品であるだけに大変高度な管理を要する作業だ。従って、どの工場でもやれるというものではない。その点で、先端製品を十分にこなせると判断されたのがシンガポール松下半導体なのである。

ちなみに、松下電器の半導体関連工場は日本国内では先の砺波工場、新井工場の他に半導体事業の本社である長岡工場（京都府）、岡山工場、魚津工場（富山県）、鹿児島松下電子、松下電子応用機器（栃木県）、東洋電波（京都府）、海外では上海松下半導体、蘇州松下半導体、インドネシア松下半導体、それにシンガポール松下半導体である。

各工場の生産製品を見ると、

長岡工場――ディスクリート（個別半導体）全工程、パワー関連素子全行程、MOS（Metal Oxide Semiconductor）―LSI後工程、ホログラムユニット後工程
砺波工場――バイポーラIC前工程、MOS―LS 前工程、CCD前工程
魚津工場――バイポーラIC前工程、MOS―LS 全工程、化合物前工程
新井工場――バイポーラIC全工程、MOS―LS 前工程、CCD後工程
岡山工場――GaAs全工程、レーザー全工程、トランジスタ後工程
鹿児島松下電子――発光ダイオード全工程、バイポーラIC後工程
松下電子応用機器―トランジスタ全工程、バリキャップダイオード全工程
東洋電波――トランジスタ全工程、ダイオード全工程

などとなっている。

海外工場のうち、上海ではMOS LSI後工程、バイポーラIC後工程、パワートランジスタ後工程。蘇州ではディスクリート後工程。インドネシアではMOS LSI後工程、バイポーラIC後工程、ディスクリート後工程。そして、シンガポールでは今回のCCD後工程以外にもMOS LSI後工程、バイポーラIC後工程、ディスクリート後工程を行っている。

これで見てもわかるように、海外工場ではすべてが後工程の展開となっている。ウエハー工程を行う前工程に必要なのは生産能力は言うまでもないが、万全の生産体制を維持できる完全なインフラの存在が必要条件だ。

「シンガポールのインフラ状況は日本の工場に劣りませんが、そのための投資額が後工程とは比較にならないくらい巨大になります。現時点では海外での前工程を行う予定はありません」(斉藤社長)。

松下グループでもそこまでの結論には至っていないようだったが、それでもCCD生産の後工程を決断することも、実は大変なことだったのである。

## デジタルカメラとカメラ付き携帯電話

CCDとは「Charge Coupled Device」の略で、日本語にすると「電荷結合素子」となるが、専門家でもない限り、これだけでは一体何なのかわかりにくい。解説書風に記述すると、酸化膜で覆ったシリコン基板の上にゲート電極をのせて情報を蓄積していくMOS構造(半導体の上に酸化物の絶縁層を挟み、さらに金属電極を蒸着)の記憶素子のことだ。CCDの開発は1970年と古く、応用先はイメージセンサー、ディレイライン(遅延線)、フィルタなどであったが、最近ではデジタルカメラの受光部に用いられ、画像処理を処理・伝達する集積回路として使われている。

メカニズムをもう少し説明すると、従来のフィルム式カメラは被写体はカメラのレンズを通してフィルムに感光(露光)するが、デジタルカメラでは被写体はカメラレンズを通してCCDに受光され、そこで光学イメージから電気信号にコンバートされてメモリーカードに記憶されるという仕組みだ。デジ

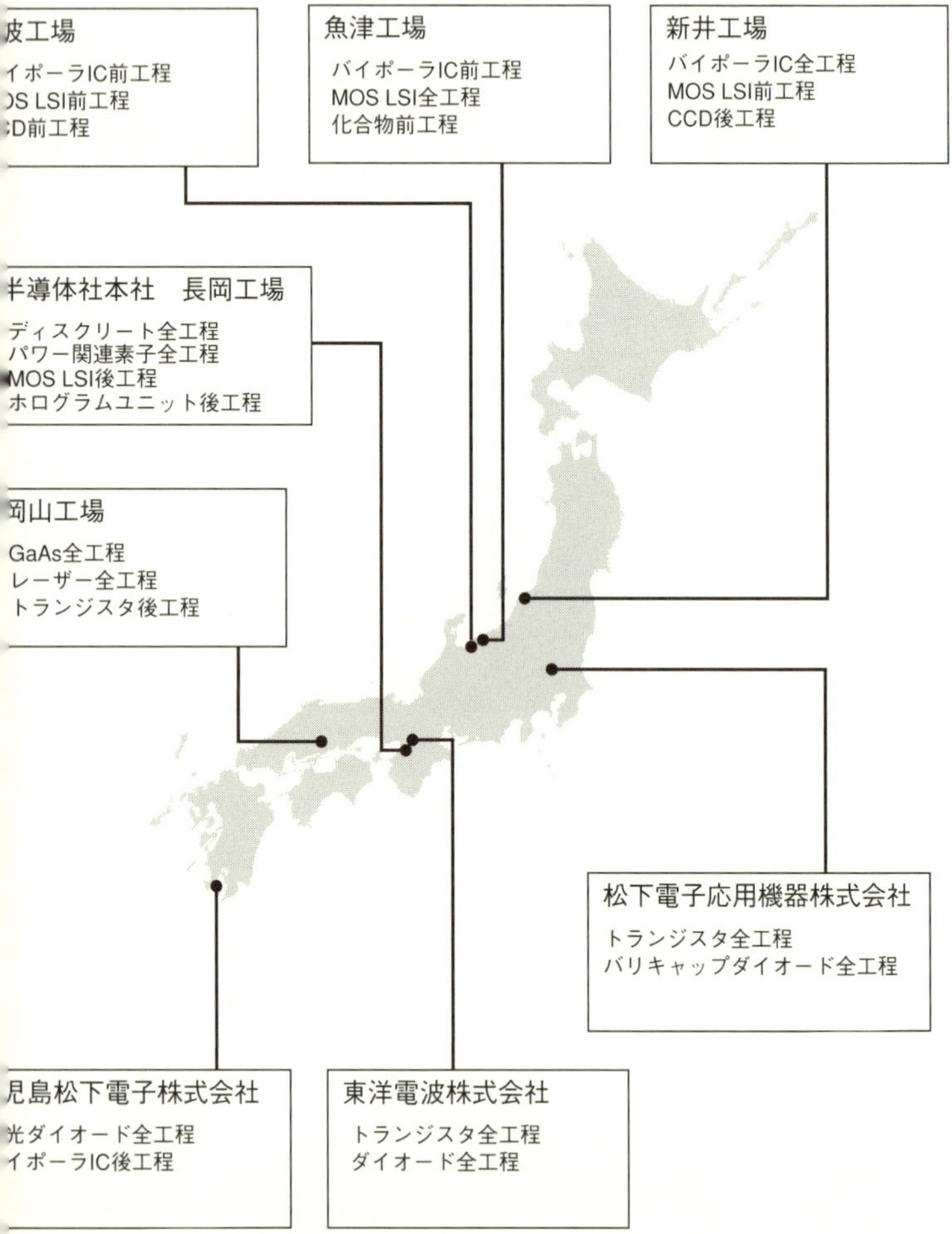

波工場
イポーラIC前工程
OS LSI前工程
D前工程
魚津工場
バイポーラIC前工程
MOS LSI全工程
化合物前工程
新井工場
バイポーラIC全工程
MOS LSI前工程
CCD後工程
半導体社本社　長岡工場
ディスクリート全工程
パワー関連素子全工程
MOS LSI後工程
ホログラムユニット後工程
岡山工場
GaAs全工程
レーザー全工程
トランジスタ後工程
松下電子応用機器株式会社
トランジスタ全工程
バリキャップダイオード全工程
児島松下電子株式会社
光ダイオード全工程
イポーラIC後工程
東洋電波株式会社
トランジスタ全工程
ダイオード全工程

### 半導体の生産拠点

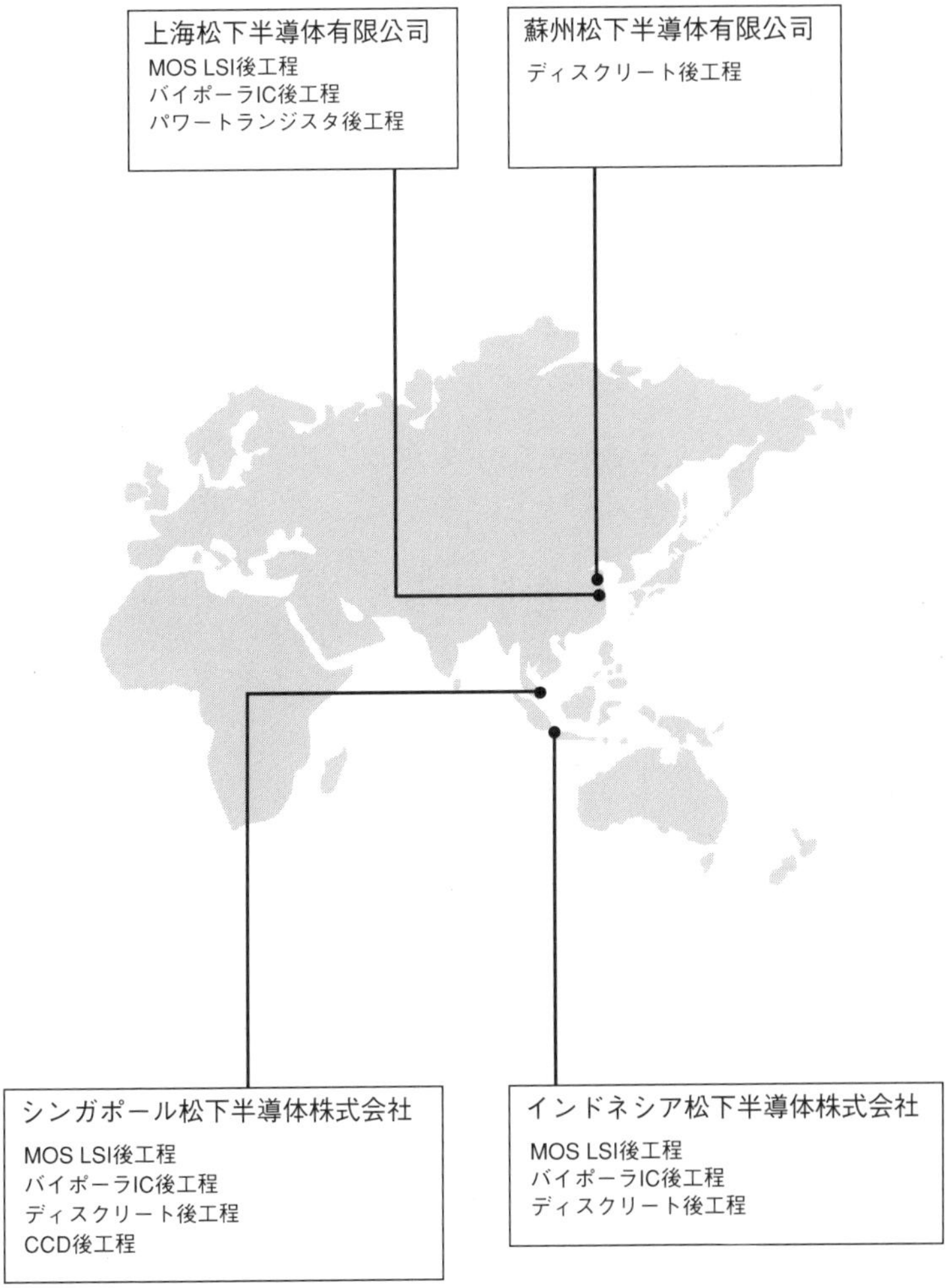
上海松下半導体有限公司
MOS LSI後工程
バイポーラIC後工程
パワートランジスタ後工程
蘇州松下半導体有限公司
ディスクリート後工程
シンガポール松下半導体株式会社
MOS LSI後工程
バイポーラIC後工程
ディスクリート後工程
CCD後工程
インドネシア松下半導体株式会社
MOS LSI後工程
バイポーラIC後工程
ディスクリート後工程

タルカメラを分解しない限り、お目にはかかれない部品である。今後はカメラ付き携帯電話向けの需要も急増しているために、ますますCCD生産が必要になってくるのである。CCD前工程を担当している砺波工場からチップを輸入して、シンガポールで組み立てるのである。

この組立をシンガポールに決定した理由の背景は、同工場が光ピックアップ用ホログラムの生産において実績を積んでいたことが挙げられる（ホログラムとはDVDやMDなどの光ピックアップ用の部品の一つで、2000年からスタート。これについては後述する）。

## 88％がアジアでの販売

シンガポール松下半導体の設立は1978年12月だが、実際の生産開始は79年5月から。松下電器100％出資で、2002年の売上げは2億3800万シンガポール・ドル（約158億6700万円）。敷地面積は2万6204平方メートル、建家面積は2万6781平方メートル。

敷地面積と建家面積がほぼ同じなのは、通常の国であれば工場は平屋建てが多いが、シンガポールのように国土が狭い国では工場が複数階建てになっているのが多い。シンガポール松下半導体もそうである。

20年ほど前に初めてシンガポールのエレクトロニクスメーカーを取材したが、その時、工場が2階や3階にあるのを見て、「よく底が抜けないもんだな」と幼稚な感想を持った憶えがある。

従業員は740名（2003年7月時点）。うち日本人は9名で、社長、財務、品質管理、製造（顧問）と残り5名は開発に従事している。従業員の平均年齢は33歳、平均勤続年数は9年という状

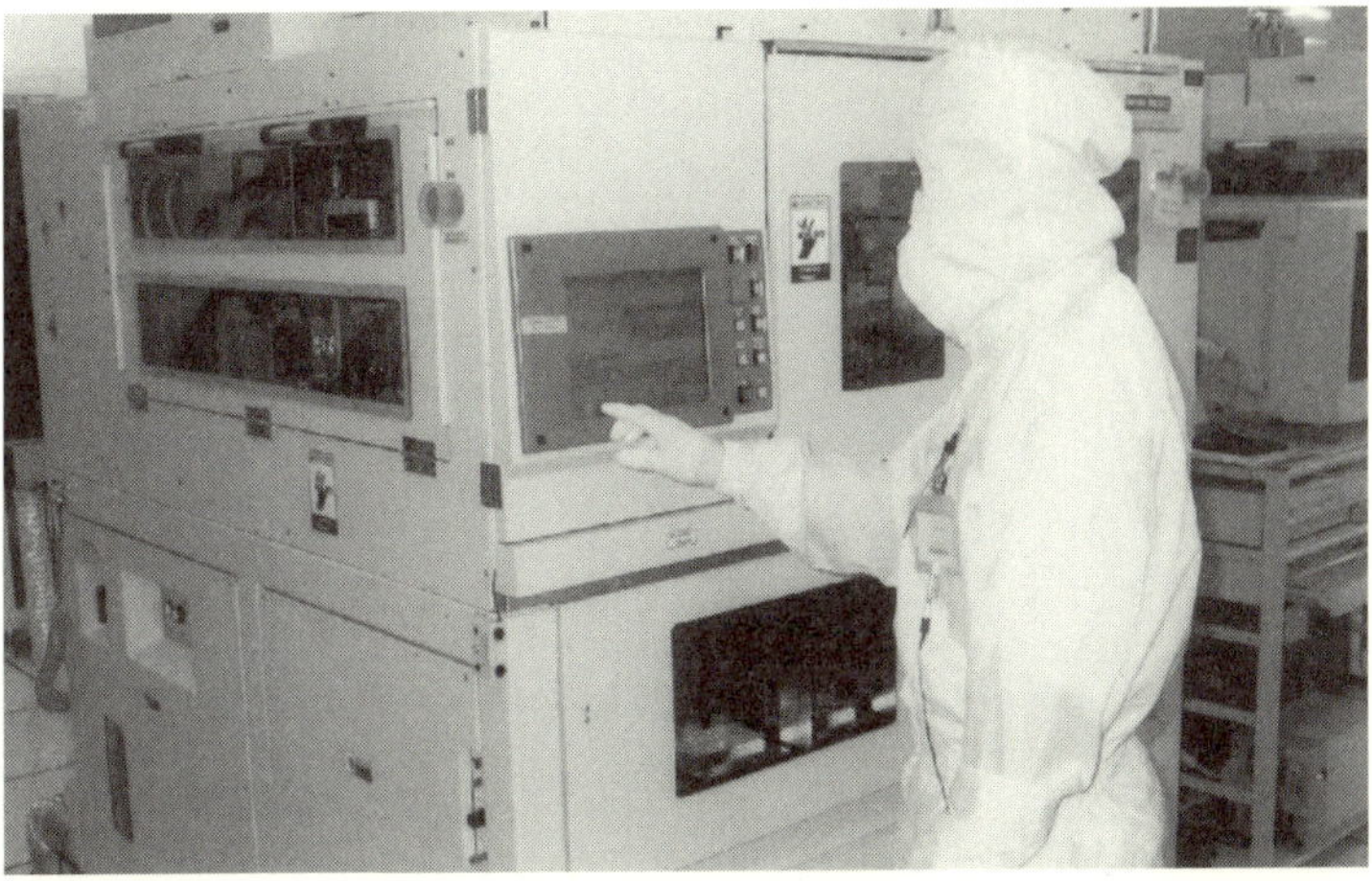

CCD製造ライン

況だ。

「平均勤続年数が9年というのは結構長いんですよ」(斉藤社長)。

9年という期間が長いと聞いて、「えっ、そうなんですか」と聞き返してしまったくらいだ。一般的に、シンガポールの転職率は高く、少しでも良い条件のところにジョブ・ホッピングする傾向が強い。とくに、90年代半ば以降の世界的なIT景気の時はその傾向が一層高まった。最近は経済がすこぶる好調というわけでもないので、企業における定着率も多少落ち着きを見せている。そういうシンガポールの労働環境下では勤務年数9年というのは結構長い部類に入るということだ。

同社の本社は最初は市の中心部から少し西に行ったAyer Rajah工業団地に入っていた。82年にアンモキオの中心部にあるAng Mo Kio Industrial Park 2に分工場をつくり、その後、本社も当地に移っている。当初、シンガポール松下半導体の事業はアナログLSI(バイポーラ型の集積回路)、ディスクリート(個別半導体)を行い、94年からシステムLSI、2000年にホログラム、2002年にはDVD用のシステムLSIの生産を始めた。そして、前述のように2003年8月からCCDを開始している。

売上げを製品別に見ると、アナログLSIが61%、あとはLDHU（Laser Detector Hologram Unit、ホログラム=光ピックアップ用部品）21%、システムLSI（DVD用など先端の多ピン数）13%、トランジスタ5%となっている。ちなみに、アナログLSIはAV機器のモータ駆動・制御などに多く使われている。

販売先は松下電器グループ向けが38%、それ以外は松下電器グループ以外の企業に販売している。例えば、DVDやオーディオ・プレーヤーをつくっているシンガポールのパナソニックAVCネットワークス・シンガポール（PAVCSG）にも大量に納めている。同様に、マレーシアのテレビやビデオを生産している松下電器のグループ会社にも納めている。また、ソニーやフィリップスなどのように松下グループ以外への外販も多い。ASEAN地域には日系や欧米系の完成品メーカーが数多く進出しているので、商売は多いようだ。地域別に見ると、中国を含むアジア地域が88%、北米8%、欧州3%、日本向けには1%しかない。

「基本的には、シンガポールでつくったものはアジア地域で売ります」（斉藤社長）。

ただし、アジア地域の企業に納入しても、そこで組み立てて完成品になったものが最終的に米国市場に輸出されていると思われる。たぶん、アジアへの販売88%のうち60~70%と推定される。ということは、この部品販売・組立・輸出の経路から考えても、シンガポールでつくる部品の売れ具合は、結局は米国の景気次第ということになる。

部品の用途先（2002年時点）を見ると、オーディオが47%、テレビ28%という具合にAVで

75％を占めている。それ以外はハードディスクやフロッピーディスクなどPC周辺附属品が15％、今後伸びが期待できるDVDはこの時点ではまだ6％である。

## シンガポールでCCD生産立ち上げ

MSCSの本社兼工場を玄関から見ると、特徴的な建物であることがわかる。大きな茶色の屋根がコンクリート作りの工場建家の上にポンと乗っかっているのだ。

シンガポール松下半導体の斎藤正社長

「当社はもともと松下電子工業傘下の工場だった関係で、以前は半導体とともに照明もつくっていました。屋根の形になっているのは、照明をつくる際の熱を逃がすために必要な構造なんです。照明をつくっていたスペースをCCD生産用に入れ替えたので、建家の新規投資はしなくて済みました」（斉藤社長）。

半導体関連工場の見学は必ず靴にビニール袋をかぶせてから入室することになっている。見学も窓ガラス越しというのが一般的だ（決して、中には入れてくれない）。従って、半導体組立機械設備を手の届く距離では見られないのである（日本の工場でも事情は同じ）。

しかし、ガラス越しでも何とか概観はわかる。細かい工程や組立の推移はパネルに写真とイラストで詳しく描いてあるので、直接目の前で見なくてもわかるようにはなっているが、やはり体感できないのが残念だ。このパネルとて、写真には撮れない。

「工程の状況を専門家が見れば、作業のレベルが筒抜けになる恐れがあります」と製造アドバイザーの松本良博は笑いながらカメラを遮る。

素人目には、「そこまでわかるのか」と不思議だが、本当らしい。

CCDとホログラムの組立工場に入り、説明を聞いた。クリーン・ルームの中で組み立て工程の装置が整然と並ぶだけの無機質な風景である。カラーTV工場や自動車の生産ラインと違って、人間が生産に従事しているという実感が薄い。しかし、これが半導体工場の現場の特徴なのだ。世界度の半導体工場に行っても同じことだろう。

CCDより以前にDVDやMDの光ピックアップ用ホログラムの生産に着手していたことが、今回のCCD生産にもつながったと前に書いたが、まさしくCCD生産工場を見ると、ホログラム工場の延長線上にあるということが一目瞭然であった。

では、ホログラムとはどういうものか。

これも解説書風に書くと、レーザーを使い、有機感光材料に情報を記録したものである。レーザーによる干渉を利用して立体像を再現できる。

つまり、物体から反射してきた信号波をフィルムに記録し、これに別の光を当てることで記録された信号波を立体的に再生できるということだ。これがDVD・MD機器などの情報読み取り・書き込みに使う光ピックアップ用の部品として使われている。

もっと簡単に言うと、レーザーを発し、それが物体に当たり、その物体から情報を含んで跳ね返って

シンガポール松下半導体の全景。屋上が屋根の形になっているのが特徴

きた光を再び受け止めるわけである。つまり、発光するレーザー・チップと受光するフォト・ダイオード・チップの二つのチップを持ち、記録物体から情報を入手して再現するわけである。

同社ではこれをLaser Detector Hologram Unit（LDHU）として組み立てている。レーザー・チップは新井工場から調達している。レーザーからの発光を45度で受けるレンズ（ホロレンズ）も日本から入れている。

「レンズもまだ現地化できていません。いずれ、レンズをつくっているアジア各地の日系現地メーカーから調達できればと思っています」（斉藤社長）。

LDHU組立工場もCCD組立工場と同じく、巨大な密室空間で作業が淡々と進められていた。LDHUの工場で組み立て作業に従事したワーカーの一部が選抜されて一定期間の訓練を経て、CCD組立に移ったわけである。もちろん、CCD組立専用の訓練は受けたものの、基本的にはLDHU組立からの応用技術である。

何度も書くが、このLDHU組立の実績がCCD組立に役立つと考えられたことから、本社も2002年12月にシンガポールで展開するように決定したのである。2月にはクリーンルームをつくり始め、6月に設備を搬入、8月から生産をスタート、9月には量産体制に入った。実に、スピーディーな生産立ち上げである。

「4～5月はSARS騒ぎがあったのでヒヤヒヤしていましたが、シンガポールではWHOの解除がやっと5月末に出たので、6月に入ってすぐに設備を搬入しました。スケジュール的にはギリギリのところでした。SARSがもっと長引けば、計画が大きく狂うところでした」(斉藤社長)。

## 2005年に高付加価値品が7割超

売上げ構成比の推移を見てみると、2000年度はアナログLSIが70%を超えていた。これが2002年では61%、2003年に50%を割り、2005年には30%に届かなくなるとの予想だ。システムLSIは2000年度から2005年度まで16～18%という。割合としてはあまり変化はない(あくまで割合であって、売上高は年々上昇する)。

LDHUは2000年の開始年が8%だったものの、2002年から2005年までは18%前後とこれも平均している(同様に、売上げ面では上昇)。これに対して、CCDは2003年8月からのスタートだが、今年度で早くも15%に達し、2005年には40%近くまで拡大すると見られている。つまり、2005年にはCCDがアナログLSIのシェアを抜いてしまうことになる。

CCD、LDHU、システムLSIの3分野を高付加価値品と位置づけるとすれば、その割合は2

000年度がわずかに25%であった。

「2005年には高付加価値品の割合が70%を超えるでしょう」(斉藤社長)。

同社が操業以来生産してきたトランジスタは周辺の工場に移管し、来年中にはシンガポールでの生産を中止することになっている。

CCDを開始したことによって、2003年度の売上げは対前年比89%増の約4億5000万シンガポール・ドル(約300億円)と飛躍的な伸びを見せ、2004年度は同56%増の約7億シンガポール・ドル(約467億円)、2005年度は23%増の8億6000万シンガポール・ドル(約573億円)という高成長が期待されている。

投資額も97~99年の3か年で3000万ドルだったのが、2000~2002年が9000万ドル、そして前述のように2003~2007年が1億5000万ドル(約100億円)という。

今後、AV機器向けICの設計・開発にも力を入れる予定で、3~5年後には1000人体制となる。99年からスタートしたPSDA(Panasonic Semiconductor Development Asia)のもとに、LSI開発に50名、システムソリューションに20名の合計70名体制であるが、これも拡充していく。

## 要は、人材活用次第

さて、冒頭に書いたように、「シンガポールはモノづくりには向かなくなった」とした風潮がある。結論から言えば、そんなことはない。別に松下電器を持ち上げるためにそう言うのではない。市場規模と生産コストの点を考慮してトランジスタを他のグループ工場に移し、自らはホログラムやCCD生産に乗り出す。つまり、高付加価値分野に絞り込み、シンガポールの人材をフルに有効活用できるモノづくりに特化すればいいわけである。

次項で取り上げるパナソニックAVCネットワークス・シンガポール（PAVCSG）でも完成品を源泉レベル（素材・原材料加工）から最終製品に至るまで一貫生産を行っている。その際、セル方式の導入などによって多能工による生産の効率化を図ったりして、生産コスト面や生産システム面での改善が進んでいる。これを支えるのは高度に教育化された優秀な人材だ。

労働集約的作業までシンガポールがつなぎ止めておく必要はないが、さりとて「モノづくり」そのものまでなくす必要はまったくない。それどころか、シンガポールにはシンガポール的モノづくりの道が残されているのだ。

ワーカーの労働コストを見比べて、「中国の方が断然安い」などと言って、いとも簡単に中国シフトする企業はこれからも出てくるかもしれないが、そうした企業はシフトすればいい。しかし、労働コストの高い国でやるべきモノづくりとは、現に厳然としてあるわけで、しかも売上げも利益も伸ばせる。すなわち、シンガポールだからこそできるという高度技術産業への特化が重要なのである。シンガポールにはその必要条件となる技術者やワーカーが少なくない。要は、そうした人材活用をするかしないかだけの話である。冷たく言えば、そうしたアイデアどころか向上心のカケラさえない企業はシンガポールには不向きなのである。翻ってみると、実はこの点こそが日本のモノづくりにおいても何か示唆することが多いようにも思える。こんな感想をこのMSCSの取材で持った。

## 2 シンガポールでDVDレコーダー生産
### ——中国にできないことをやれ

パナソニックAVCネットワークス・シンガポール（PAVCSG）＝1977年7月設立。従来のオーディオ事業からDVDさらにはホームシアター商品を主力にしている。源泉加工（88年）、開発業務の強化（97年）に次ぐ第3の変革は2004年2月のDVDレコーダー生産開始。

### オーディオからDVDに転換中

シンガポールの中心部から空港に向かう高速道路（PIE＝Pan-Island Expressway）に入り、空港までのちょうど中間地点にシンガポール政府が開発したベドック工業団地（Bedok Industrial Park）がある。車で約20分のところだ。ここにDVDのチェンジャー・プレーヤー（5枚）などで構成されたホームシアターを筆頭に、CDミニコンポなどAV製品などをつくっているパナソニックAVCネットワークス・シンガポール（旧名は松下エレクトロニクス・シンガポール＝MESA）がある。2004年からDVDレコーダー生産も開始する。シンガポールでDVDレコーダーの生産を行うのは初めてのケースとなった。

シンガポールでオーディオ事業を展開するパナソニックAVCネットワークス・シンガポール（PAVCSG）の設立は1977年7月。オーディオ事業を長らく手がけてきたが、昨今はDVD（デジタル多用途ディスク）製品が多くなってきている。2001年はDVDの比率が30％以下だったが、2002年に50％、2003年には70％を超える勢いで、いまPAVCSGはDVD生産事業に大きく舵を切っている最中とも言える。

「DVDは単品ではなく、付加価値の高いホームシアターなどのように構成された複合商品が主力になっています」

とPAVCSGの香島光太郎社長。

PAVCSGの特徴は何と言ってもキーコンポーネンツの内製にある。いわゆる光ピックアップまでの〈源泉工程〉の深掘りである。製品に使用する半導体はグループ会社でもあるシンガポール松下半導体（MSCS）から調達している。部材、樹脂成型、金属板プレスなどの段階からピックアップをつくって、メカニズムをつくり、プリント基板などをドッキングさせて完成させるが、これらの一連の過程のすべてを内製しているというのだ。

敷地面積4万平方メートルは、組立工程だけであればまあまあの広さであるが、源泉工程から完成品まで多数の工程を取り込んでいるために、かなりスペース的には高密度の状況となっている。建家面積は5万4800平方メートルで、3階建て工場棟が3棟ある。

ブロックAの1階はスタッフ部門（経理、人事など）と開発部門、2階にピックアップのラインが入っている。ブロックBは完成ライン。ブロックCは源泉棟で1階が成形品、プレス部品、2階がプリント基板実装ライン、3階がメカニズムの組み立て、いわゆるキー・モジュールがこのC棟に集まっている。

シンガポールは国土面積が狭いので、前項でも触れたように、工場は複層階の立体型が多い。PAVCSGでもこれ以上に工場を拡張する余裕がないので、今後も工場内部のレイアウト変更などで、面積生産性を上げることでスペースを確保している。

「もっと敷地面積があれば、本来なら平屋建てにしたいところですが、この狭いシンガポールではスペースに限りがあるので、工場も横に広がるよりも、縦に展開しているのです」（香島社長）。

成形／プレス、光ピックアップ／メカニズム、プリント基板実装は一年24時間稼働している。プリント基板のハンダ付け（PCB）組立工程は12時間2シフト、完成工程も12時間2シフトとなっている。

パナソニックAVCネットワークス・シンガポールの香島光太郎社長

## DVDレコーダーを生産開始

2003年はじめに松下電器は「プロジェクトM」を発表した。

「プロジェクトM」では月産100万台のDVDレコーダー生産の展開が盛り込まれている。その計画を受ける形で、シンガポールでその一部を請負い、DVDレコーダーの生産を2004年2月から開始。シンガポールでDVDレコーダーの生産を行うのはPAVCSGが初めてのケースとなった。

今後3年間で1億6000万シンガポールドル（約100億円）が投資されるが、このうちおよそ半分をDVDレコーダー及び関連製品の生産設備やシステム導入に向けられる。残りの約50億円はDVD事業拡張のための研究開発などに投じられる予定だという。

「PAVCSGは無借金経営で、借入がありません。累損も一掃しており、出資金も既に回収済みです。再投資する場合は自己資金から出します。当然のことながら、DVDレコーダーへの投資も自前で行います」（香島社長）。

DVDレコーダーは大阪門真工場に次いで2003年7月のドイツ工場でも開始しているが、この2か所だけでは肥大化する需要に追いつかないのは明らかだった。そこで、2003年の春の段階でもう一か所海外工場での生産の必要性が生じていたのである。シンガポールは3番目の工場となったわけだが、実は最初からシンガポールに決まっていたわけではなく、生産工場の候補（会社）は中国、マレーシア、シンガポールの3か所が挙がっていた。

「当社に決まった要因というのは、高付加価値商品であるDVDホームシアターの設計・生産を手がけてきた我々の実績を評価してくれたからです」（香島社長）。

日本向けDVDレコーダーは大阪の門真工場でつくっているが、米国向けはシンガポール工場が担当することになる。松下電器の方針は拠点集約だ。

つまり、同じカテゴリーの商品を2か所でつくるのは重複投資という意味で極力避けているようだ。言い換えれば、拠点が事業の責任を持つという体制である（ただし、まったく同じではないが、異なる商品カテゴリー、例えば高級品と中級品のようにクロスする部分がないような棲み分け可能な生産は行っている）。

ＤＶＤレコーダーは２００２年１４０万台程度であったが、２００３年は４４０万台、２００４年が１４００万台、２００５年には２０００万台を超えるとみられ、市場が急スピードで急拡大している。現在、松下電器はＤＶＤレコーダーのシェアが50％を占め、トップにある。２００３年のクリスマス商戦あたりから他社も新製品をラッシュさせたために、日本市場では競争が激化し始めている。松下電器としてもシェアの維持・拡大に努めるには、日本とドイツの工場だけではカバーできない状況だったことから、第３の工場を模索しているところだった。

ところで、絶えず競争力を強化していかなければ、中国が追いかけてくるのは必至である。ＤＶＤプレーヤーは２０００年に松下電器とソニーくらいしかなかったが、その後、パイオニアや他のメーカーも始め、いまは中国メーカーも含め一挙に参入してきた。その結果、ＤＶＤプレーヤーだけではうま味がなくなってきたので、ＰＡＶＣＳＧはＤＶＤホームシアターというＤＶＤの複合商品カテゴリーをつくった。

ところが、げに恐ろしき哉、中国メーカーもこのホームシアター分野が利益源と見たか、スッと参入してきた。中国沿海部の高所得者層を中心に、中国メーカーがＤＶＤホームシアターを中心にした販売攻勢をかけ始めているというから、この分野での競争激化が近々本格化しそうだ。

## 常に改革して競争力を

ＰＡＶＣＳＧの親元事業部である松下電器のオーディオ事業も国内空洞化などで苦しい時代があった。その時、日本と海外工場の切り分け、事業責任の持ち方において大きく発想を変えている。つまり、シンガポールで言えば、完全に事業責任をＰＡＶＣＳＧに持たせた。例えば、88年にデバイスの生産という形の源泉工程を導入したのだ。

源泉とはキー・デバイス生産、あるいは素材加工した部品の内製化と言った方がわかりやすいかも知れない。この時のキー・デバイスとはラジオカセットのメカニズムである。源泉を取り込み、付加価値をつけ、機械化を進め、人件費のデメリットをなくした。加えて、設備の加速償却も実施し、そのコスト力で商品力を高めるというものだった。

「中国と競争しようと思えば、そこに至る大きな決断が必要でした。他のセットメーカーが労賃の安い中国や他の国にシフトしていく中で、ＰＡＶＣＳＧはシンガポール的モノづくりを追求し、その結果、生き残ったのです。当時は乾坤《けんこん》一擲《いってき》の投資だったと思います。あれがあったからこそ、いまのＰＡＶＣＳＧがあります」（香島社長）。

かつてシンガポールにはＡＶ完成品でアイワやパイオニアもあったが、源泉工程には手を付けず、単に部品を輸入して組み立てるだけのものだったので、いまはもうやっていない。源泉という付加価値がない組立だけでは人件費が足枷になる。それでは生き残れない。

ベドック工業団地でパソコン用ブラウン管モニターをつくっていた日立エレクトロニクス・シンガポールも２００２年に事業から撤退し、液晶モニターに特化する形で中国に移転してしまった。これも組立だけだったので、低コストを求めてシンガポールから去っていった。

ＰＡＶＣＳＧにとって次のきっかけになるのは97年から開発機能を持つようになったことだ。99年にはシンガポール政府からＭＨＱ（Manufacturing Headquarter）というステータスを得た。ＰＡＶＣＳＧでつくったキー・デバイスを海外のグループ会社に供給、また完成品設計開発・生産立ち上げの

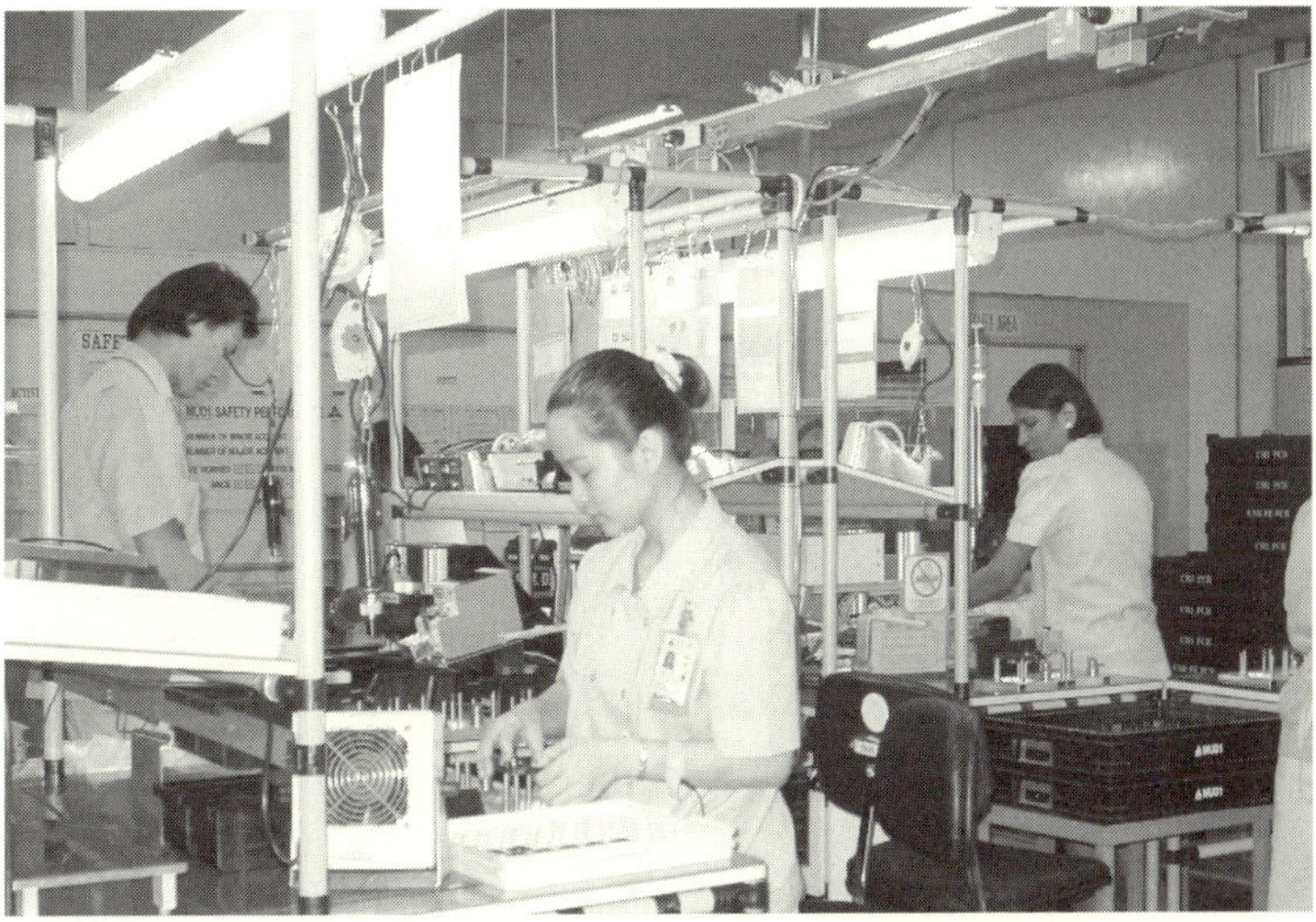
シンガポールの工場は高付加価値生産が特徴

サポートも行うものだ。PAVCSGはこのMHQを一番に取得している。シンガポール政府にとっても松下電器がMHQを取得すればインパクトが大きいことは折り込み済みのことであった。

MHQを取得すれば、法人税で一定率の減免や各種インセンティブがもらえた。PAVCSGはいまでも開発力を大きく増強している最中である。

例えば、デジタルAV商品には放送方式やリージョナル・コードなど販売地域に仕様を対応させる仕組みがある。日本から基本的な技術を持ってきても、少々モディファイする必要がある。そのための開発・技術力も必要だ。

また、内部に開発部隊を抱えているので、頻繁に設計を変えることなく源泉を3～5年使い続ける標準化（共通化）が可能だ。これだと開発スピードもあり、設計変更などによる余計な設備投資をしないで済む。

88年の源泉加工、97年の開発を機軸とした展開――この二つがPAVCSGの大変革となったわ

けだが、

「2004年2月のDVDレコーダー生産が3つ目の大変革に相当するでしょう」(香島社長)。

DVDレコーダー生産はそれくらい大きな意味を持っているということだ。

ひたひたと後を追いかけてくる中国に、高付加価値品目を選別し、生産性の競争力を付け、2歩も3歩も先を行かなければ中国に呑み込まれてしまうからだ。すなわち、それがシンガポール的モノづくりの確立ということになる。

## スイング・プロダクション

基本的に、松下電器の海外工場は自主自立である。

「何も面倒な源泉の段階から手がけるより、必要な部品は余所から買った方が便利だ」という見方もあるが、松下電器ではそういうことにはならない。PAVCSGが商品の原価責任を持つということは、本社もPAVCSGに判断をゆだねているわけだ。当然、材料や部品を買い入れるか、内製化にすべきかについての話し合いは行っている。

難しいレンズを手がけることについても同様だ。これまでは仙台工場から買い入れているが、輸送などの関係で9週間のリードタイムもある。キャッシュ・フローという観点では、内製化のメリットが大きいということだ。

PAVCSGのDVDホームシアター生産の伸びは年率160%を超えている。一方で、CDミニコンポの生産は終息しかかっている。だから、DVDホームシアターの生産ピークでは、「スイング・プロダクション」が必要になる。では、このスイング・プロダクションとは何か。

わかりやすく言えば、ホームシアター用のラインをセットアップし、片方でミニコンポの生産をしているとすれば、ホームシアター生産の手が足りないときはミニコンポに従事していた者がホームシアターのラインに移って作業をするというもの。通常は持ち場のラインが決められているが、PAVCSGでは訓練を施して一人の作業者にいくつかの工程を受け持たせている。セル生産でも一人の人間が多能工の役割を果たしているが、それは一人の作業者が少しずつセルの中を移動して、一つ一つ部品を組み上げて製品あるいは半製品に仕上げていくもので、製品の種類が限られている。ただし、この方法では各セルの担当者の能力差があるので生産性が安定しないこともある。

それでも、セル生産のように同じ製品をずっとつくっていけば習熟は可能だ。そうではなく、別の製品ラインにも移動して安定的な生産を行うとなると、それはかなり難しい。ある程度の安定した生産性を出すのがミッションになっており、そこに難しさがある。

つまり、異なるラインで違う工程でもきっちりつくれるようにするのがスイング・プロダクションである。これは訓練で習得する以外に手はない。このスイング・プロダクションができればラインの効率化が俄然高まるわけだ。そのための教育システムのプログラムがPAVCSGにあるようだが…、

「それは社外秘です。私どもが一所懸命に考案したものですから、簡単にはお教えできません（笑）」（香島社長）。

米国向け生産は季節によって生産のピークとボトムがある。クリスマス商戦向けの出荷にかかる季節には手が足りないくらいの生産量になり、その逆は人手が余る。その変化対応力がポイントになる。そこで考えたのが、基本的な生産能力の8割を固定し、季節によるプラス・マイナスの変動に対応で

きる体制を敷き、それでもカバーできない部分をスイング・プロダクションで補うわけだ。

このスイング・プロダクションを労働強化だとか、賃上げの対象になる作業方式の導入だということにはまったくならなかった。シンガポールで効率的な生産を実現することがいかに大事であるかが労使ともにわかっているからであろう。

もう一つ、特徴を挙げるとするならば、「ハイブリッド・プロダクション」である。最近はあちこちで「セル生産」が導入されているが、人件費の高いシンガポールではこのセル工区とロボット工区の組み合わせが必要になる。これがハイブリッド・プロダクションで、製品の多種多様化が実現できる。まさにシンガポール的と言える。

ところで、作業の指図書は何枚もの紙に書かれていることが多いが、概して読みにくい。PAVCSGのセル生産では、作業の指図は適度な高さの位置に据えられている液晶画面で行われている。画面表示になると、紙以上に情報が細かく書き込め、しかもカラー表示で読みやすい。年々製品の構造が難しくなるので、表現力のある画面表示の方が作業者にはわかりやすい。この方法は2003年度から導入されているという。

工場スペースには限りがあるために、PAVCSGでは面積当たりの生産性を徹底的に追求している。工場を見学している時に、面白い区画を見つけた。ポータブルVCDのミニ工場だ。まるっきり一部屋に閉じ込められた格好になっている。VCDは日本には市場がないので、インドや中近東などアジア諸国向けに輸出している。狭い一部屋に組み立てから検査、梱包、さらには修理まで行っている。この部屋だけはまるで別世界のようだ。さしずめ独立工場だ。ここで黙々とポータブルVCD関連の作業が行われているが、市場の動向にもよるが、将来的にはこの工場からはなくなる可能性も高い。リスクをミニマムにして、成熟事業を最後まで刈り取る執念がそこにあった。

## SCMで在庫圧縮

モノづくりの限界が指摘されていたシンガポールでも「源泉」からの着手、「面積当たりの生産性」の追求、いくつもの工程や複数のライン生産に携われる「多能工」など、まだまだ可能性が大きいことがわかった。そこに転換するきっかけになったのは9・11テロ事件だった。

「9・11テロ事件で米国市場が混乱しました。PAVCSGの売上げは米国向け輸出に大きく依存していたので、米国だけに頼っていたのでは大変なことになるとの認識から、地域分散を検討したわけです。その際に、在庫圧縮に関する大改革を敢行しました」（香島社長）。

PAVCSGでは海外会社の中では一番早く（2001年3月）にSCM（サプライ・チェーン・マネジメント）を導入している。SCMは基本的にディーラーへのデリバリーやカスタマーの満足度を上げるが、実際現場では目まぐるしい機種切り替えもあるので、購買のリードタイムを短縮しなければならず、相当の取り組みを余儀なくさせられる。

SCMの取り組みを開始した時のPAVCSGの生産計画では生産情報確定から購買のリードタイムは29日だった。それを段階的に短縮し、現時点ではわずか3日にした。こういうダイナミックな改革はどうしてできたのか。

「事前に需要予測情報を出し、先取りしておけば、発注の確定データが出ても納品まで3日で済みます。その際、サプライヤーとの情報共有が大きなポイントです」（香島社長）。

実際は月次の生産計画があり、月末に先行きの営業情報を集め、翌月の生産を計画し、部品を発注することになる。それを週に分解する。営業の報告も従来は月一回だったのが、いまでは毎週届く。その報告に応じて発注計画や生産計画を変動させる。この切り替えサイクルは頻繁である。

現在、多機種（現在は約240機種）があるので、これを計算に入れて生産計画を立てるが、当然のことながらこの情報は日本の営業部門、門真のISP（Inventory Sales Production）センターに集中する。このデータがSCMのソフトウエアによって海外工場でも機能するわけだ。一つが決まってそれが4週後に動き出す仕組みになっているので、実際はその4週の中で一週間の不測の事態の遅れを吸収することになる。

## 間接部門削減、技術者増員

面積生産性を上げるためにスペースを整理し、有効活用できるように再配置するフロア改革も断行した。これまで工場内には基板、メカニズム、ピックアップなどいろいろなブロックがあり、工程がプツンと分断されていた。しかも、ある工程では3シフトで24時間だけれど、ある工程は日勤ベースで8時間などという具合に稼働差も出ていた。そうすると、どうしてもバッファーで中間材料が増えがちになってしまう。この中間材料というのが在庫として溜まる。リードタイムの問題も加われば、在庫がさらに生じる。こうした不健康な構造を大胆に改革して行ったのである。

「面積を圧縮し、空いたスペースに新たな付加価値を呼び込めば、単純に面積を縮めた以上の効果を生み、面積当たりの付加価値生産性が上がります。大量生産をキープしつつ、工場の最適生産配置を

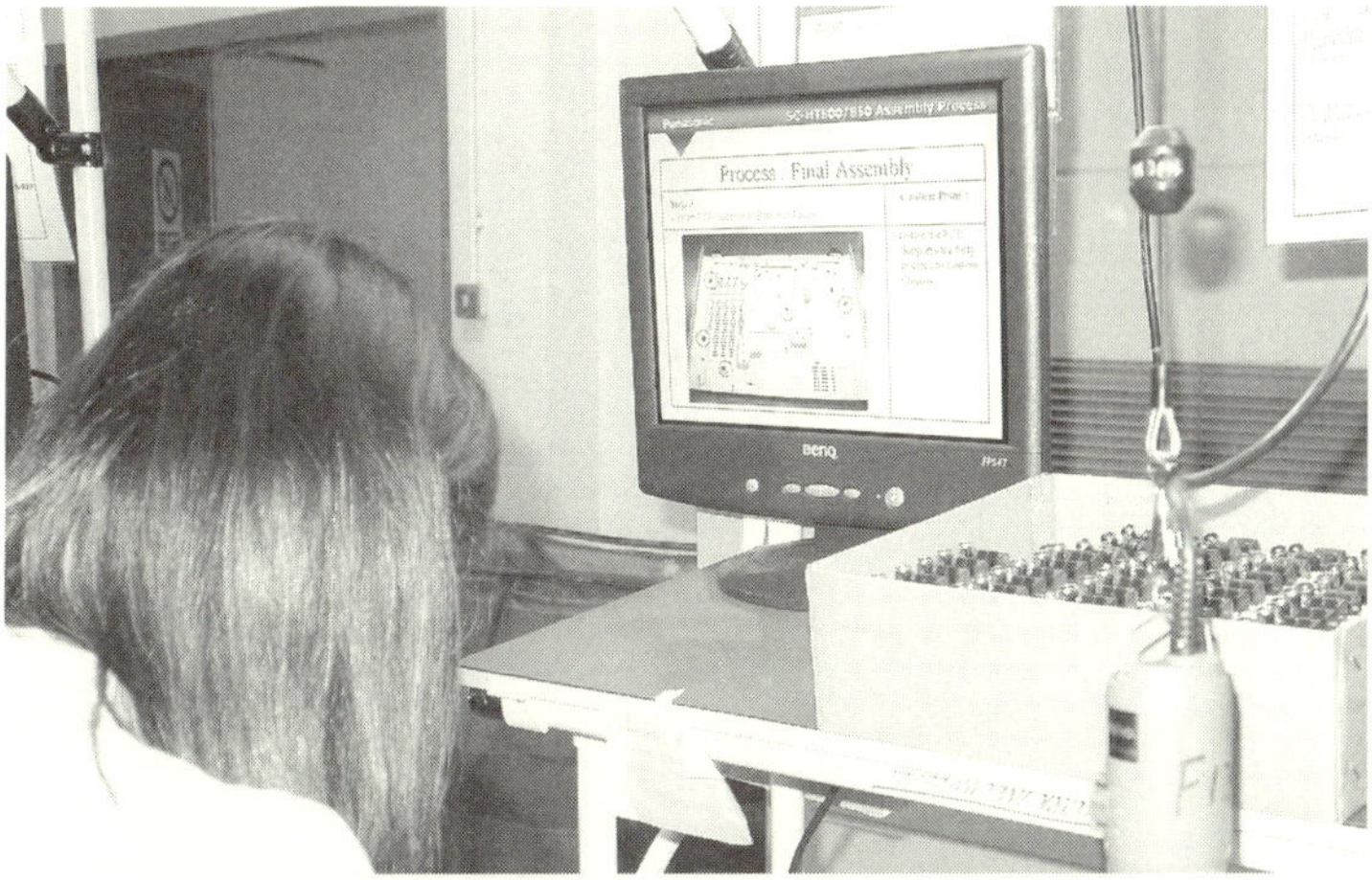


詳しい作業手順の指示は液晶画面で行われる

面積生産性を上げるためにレイアウトにも最善の配慮が施されている

行うわけです」(香島社長)。

その一例は、DVD製品の内部にある「カセット・メカニズム」と言われるキー・デバイス部分で見られた。カセット・メカニズムの生産に関係する全工程を1フロアにギュッと集約すると、従来の総在庫(材料在庫、中間材料も含む)が3・5日分あったのが、現時点で7分の1(0・5日分)にまで圧縮できた。まさに、ジャスト・イン・タイム型の生産システムになった。

要は、在庫を貯めずに受け持ち分をどんどん後工程に渡していけば、在庫が少なくなる。工程が分散していれば、在庫も生じ、管理者もその数だけ必要になる。一か所に集約すれば、間接スタッフも極小化できる。理屈ではわかっていても、実行はなかなか難しい。それをやったのである。

前述のように、PAVCSGの売上げは米国向け輸出が貢献していたが(2002年計画では60%)、2001年の9・11テロ事件で大打撃を受けた後、地域分散に向けて大きく改革を断行、2003年ベースで米国向けは40%まで下がった(同時に製品単価も下がっている)。逆に、欧州は14%から25%に広がり、とくにホームシアターが伸びている(昨年は1モデルだけだったが、今年は一挙に5モデルを投入したため)。アジア向けは30%と高く、日本向けは5%と少ない。

売上げはここ2年、約10億シンガポール・ドル(約650億円)。利益は4%強(ロイヤリティ支払いを除く)。利益目標は毎年1%ずつ増やす予定だという。そして、今回の投資で売上げ規模は15億シンガポール・ドルが見込めそうだという。従業員数は1900名、うち技術者は約250名だ。日本人は23名で、製造部門に2名いる。技術者の国籍は11か国。シンガポール人が半分で、残りはマレーシア、タイ、ミャンマー、インド、インドネシア、フィリピン、豪州など。

「今後、間接部門は減らす方向ですが、技術部門は逆にもっと増やす予定です」(香島社長)。

同じ松下グループの大連DVD工場＝中国華録・松下電子信息有限公司（CHMAVC）との関係はどうなっているのだろうか。

「DVDプレーヤーを生産するCHAMVCとは部品の相互供給もあり、時に密に連絡を取り合いながらDVDの商品コンセプトを共通化したりしています」（香島社長）。

部品供給はシンガポールから大連にも供給している。大連で製品化したDVDプレーヤーをシンガポールに持ち込むことはない。というのも、大連は低価格のDVDプレーヤー、シンガポールはホームシアターやDVDレコーダーという具合に、お互いの地域性を活かした商品で棲み分けているからだ。例えば、シンガポールでは5枚チェンジャー・プレーヤーはつくっているが、シングル・プレーヤーはつくっていないので、それは大連から仕入れている。

シンガポールでのモノづくりの将来が今回の取材でわかったような気がする。日本もたぶん、その延長線上にあることも、またわかった。

## 3 中国とシンガポールのR&D展開
### ——バケツ・リレー方式からの脱却

パナソニック・シンガポール研究所（PSL）＝1996年4月設立。デジタル映像関連のMPEGやネットワークの通信ソフトを手がけている。松下電器研究開発（中国）有限公司（CMRD）は2001年1月設立。研究開発の対象は多岐にわたっており、現在、3研究所5センター体制で構成されている。両社とも松下電器100％出資。日本の本社研究所のもとでのグローバルな技術研究開発と現地に根ざした研究開発の二つの任務を持つ。

### シンガポールR&Dの役割

松下電器は日本を基軸に米国、欧州、中国、アジア（シンガポール）の海外4地域でR&Dの業務を展開している。海外でのR&D拠点といえども、あくまで松下の本社研究所に連なる組織なので、日本との連携度が高いのが特徴だ。しかしながら、同時に現地に根ざしたR&D業務を遂行することによって、その土地にしかできない新技術の成果を本社研究所から強く求められている。

いずれ、現地発の技術開発が松下グループにとっての世界標準になり、グローバルな技術や新商品がお目見えする日も来るだろう。北京・中関村とシンガポールにある松下電器のR&D拠点2社を訪れた。

シンガポールのR&D拠点であるパナソニック・シンガポール研究所（PSL＝Panasonic Singapore Laboratories Pte Ltd）は意外にも町外れの工業団地に入っていた。場所はシンガポールの中東部にあるTai Seng Industrial Estate（タイセン工業団地）である。市の中心部から車で（込んでいなければ）約15分のところにある。この工業団地は政府系のJurong Town Corporationが開発したものだ。

PSLの入っている建物は複層階建ての工場棟であり、1階や2階は工場仕様になっており、3階以上は事務所仕様が多く、企業の非製造部門などが入居している。

研究所の設立は1990年7月だが、当時はAsia Matsushita Electric（Singapore）Pte.Ltd（＝アジア松下電器）の一部門（ディビジョン）として研究所が設立、1996年4月には法人として独立した。PSLの管轄は日本本社内の「海外R&D推進センター」が行っている。PSLの法人化の理由は2つある。

「アジア松下の傘下に研究所をつくった当時の背景には、リージョナル・ヘッドクォータ機能を持つ企業にはシンガポール政府によって特典が与えられるという事情がありましたが、96年以前にその特典は返上しています。返上したからには、アジア松下電器の傘下に研究所を抱えておく必要がなくなり、別法人化しました。これが一つです。もう一つは、シンガポールの研究所を日本の本社研究所の傘下に入れて、松下グループのグローバルR&D戦略の一環とすべきだという理由からです」

こう言うのは、ＰＳＬの岡秀幸社長。

岡社長によれば、ＰＳＬの役割は二つある。

第一に、管轄が日本本社の研究所に連なるので、グローバルな最先端技術の開発を行うこと。

第二に、シンガポールというアジア大洋州地域に拠点を構えている以上、この地域特有の技術を開発することである。この点は、後述する中国のＣＭＲＤやＳＭＲＤと同じ位置づけである。ＰＳＬの研究者の陣容は、１００名弱。

研究者の国籍別内訳は、シンガポール人50％強、残りの大部分がマレーシアと中国となっている。ただし、マレーシアと中国と言っても、殆どがシンガポールＰＲ（Permanent Resident＝永住権）を持っている人たちだ。つまり、出稼ぎではないということだ。

「やはり、ＰＲを持っていないと仕事がやりにくい。というのは、ＰＳＬはあくまで日本企業なので、日本出張の場合は中国パスポートだけでは非常に大変。中国パスポート＋シンガポールＰＲを所持しておればほとんど問題ありません」（岡社長）。

現時点の研究者は半分が学部卒、４割が修士、残りが博士で数人、残りが学部卒という状況。ＰＳＬの場合、新卒の学部卒は約３０００シンガポール・ドル（1シンガポール・ドル＝64円換算で約19・２万円）。

当初はビルの４階の半分だけだったがそのうち手狭になり、２００３年3月には6階へ移動し、その4分の3を使用している。

## 携帯電話のアジア言語表示

ＰＳＬの技術開発はその対象によって違うが、基本的にはＲ＝リサーチの第一段階から手がけている。一番商品に近いものとして手がけているのは、ＧＳＭの携帯電話だ。このタイプの携帯電話は欧州、中国、アジア大洋州でよく使われている。この携帯電話のアジア向けランゲージ・パック（いわば、アジアの各国語を表示する機能）をＰＳＬが開発している。最初の商品として世に出たのは２００１年であった。

「この開発にあたっては、日本本社との共同企画です。というのは、我々は商品そのものを外販するわけではありません。Ｒ＆Ｄやソフトウエア開発は基本的に日本からの資金によって成り立っているので、日本の企画部門、あるいは商品開発部門の了解のもとに進めることになるからです」（岡社長）。

パナソニック・シンガポール研究所の
岡秀幸社長

例えば、タイの携帯電話を扱うグループ会社の営業陣と一緒に考えた結果、タイでの携帯電話の伸びが予測された。それなのに、携帯電話の表示が英語と中国語くらいしかない。英語が不得意なタイ人にはタイ語の表示が不可欠なもので、そこでタイとの協力のもとに言語表示の開発に取り組んだというわけである。

いわば、研究開発の受託ということになる。

一方、上流部門である基礎研究開発については、デジタル映像関連がある。例えば、ＤＶＤレコーダーやプレーヤー、ＢＳデジタル放送などはすべてＭＰＥＧ（Moving Picture Experts Group）という技術が使われている。そのＭＰＥＧでもって業界の標準化を主導してやる場合でも、必ず本社のＯＫを取る必要がある。

相談して、本社が「わかった。それはシンガポール研究所でやりなさい」とならないと、それぞれの組織が別々に動き、松下グループとしてのベクトルが合わなくなる。逆に、「それは日本がやる」というケースも出てくる。

「これは役割分担ですから」と岡社長。

携帯電話用の技術はいったん日本のパナソニック・モバイル・コミュニケーションズ（ＰＭＣ）に入り、そこから商品化のための製造を担当するアジア大洋州の事業場（例えば、フィリピンなど適任の拠点）に移るわけだ。中国国内向けと欧州向けは中国の事業場が担当する。そして、その生産も垂直立ち上げ、つまり日本と同時に海外拠点でも立ち上げられるように体制を移行中だ。各地域の商品スペックが違っているのは当然のことで、同時発売するにはそれぞれのスペックを用意する必要がある。これは日本だけではカバーできないので、全世界の工場を使って展開することになる。従来のように日本と海外の発売にかなりの時差がある、いわゆる「バケツ・リレー」のような方法のままでは、みすみすチャンスを逃すことになる。

## ロイヤリティは薄い

ＭＰＥＧ以外には、ネットワークプロトコル（通信規約）がある。いわば、ネットワークの通信ソフトのことである。

例えば、その一つに無線LANがある。現状では動画を流そうとする場合、動画にデータのプライオリティ（優先順位）がついていないので、他のデータが割り込んでくると動画が途切れる。これを改善するために、新しい無線LANの規約をどうすればいいかを議論している最中だと言う。

実は、これもMPEGに絡んだ通信ソフトである。デジタルAVをどう蓄積し、配信するか、というもので、この配信ネットワークは今後ますます重要になってくると思われる。

PSLの人員配置もこの二つに集中的（80％）に割り振っている。アジア言語を表示できるように2バイト・コードをハンドリングできる携帯電話の技術をシンガポールで開発したが、これは周辺地域での応用が可能だ。一方、MPEGというのはワールドワイドに使えるものだ。

今後、松下電器ではPSLのようにリージョナルな技術開発が多くなると思われる。2003年秋からアジア地域でも携帯電話は第3世代の技術開発に移っている。また、デジタルテレビなどはこれからの技術なので、有望とのこと。さらにはDVDやデジタルカメラも海外拠点で垂直立ち上げを展開していく予定とのことだ。

「テレビは国によって放送方式が多少違うので、各国対応のものをつくる必要があります。ここにPSLとしての新しい役割があります」（岡社長）。

今後ますます研究開発の対象が広がっていくことは間違いないが、それを支えるのは技術者である。心配事もある。岡氏によれば、シンガポール人技術者は企業へのロイヤリティは薄いとのことだ。プロジェクトの途中で抜ける技術者もいないわけではない。その対策として、PSLでは一つの役割に対して最低2人をアサインする（割り当てる）。本来は一人の技術者がすべてをやった方が効率いいのは当たり前だが、途中で抜けられることのリスクを考えれば、2人に割り当てた方がいいということらしい。そうすれば、お互いが刺激し合い、良い意味での競争も起こる。米国でIT景気に湧いていた2000年頃、シンガポールもその余録に預かって景気がよく、社員の4割がベンチャー企業に移っていったことがある。99年頃からシンガポール政府が政策としてベンチャーの起業を推進していたことも後押しした。

長く勤める技術者がいないわけではない。PSLにはアジア松下電器の一部門として研究所が設立された90年から居続ける技術者も3名いる。その3人が現在ゼネラル・マネジャー職に就いているというから、よほどPSLが気に入っているのだろう。

「一つの技術開発は約3年間が一般的なので、技術者の勤務年数も3年が一つのメドです。この点で、シンガポールでは日本と違うマネジメントが必要になります」(岡社長)。

「ところで、こんな郊外では不便ではありませんか」と聞くと、「シンガポールはどんなに遠くても、車で1時間もあれば着きます。ここも特別に不便だと感じたことはありません。それよりも、R&D会社がこんな工場のようなビルに入っているのが気にかかるようですね(笑)。中心部の小綺麗なビルを想像されていたのでしょう? でも、10年以上ここでやってきたので、移る気はありません」と見透かされてしまった。

## 北京・中関村にR&D会社を設立

松下電器の中国におけるR&Dの会社は松下電器研究開発(中国)有限公司(CMRD)で、設立は2001年1月と比較的新しい。

「実は北京でR&Dを任務とする組織は1996年11月松下電器（中国）有限公司（CMC、現MC）の内部に1ディビジョンとしてR&Dセンターを設立していました。これが中国における研究・開発フェーズの第一弾なんです」

こう言うのは、CMRD社長の岩崎守男総経理。

このR&Dセンターを発展させて、独立させたのが現在のCMRDである。場所は中国有数のハイテク地域である中関村だ。その後、2002年4月には蘇州にも松下電器研究開発（蘇州）有限公司（SMRD）を設立している。両社の管轄は日本本社内の「海外R&D推進センター」が行っている。つまり、シンガポールのPSLと同じく、本社研究所と深く結びついた組織である。

松下電器研究開発（中国）の岩崎守男総経理

では、なぜ研究開発の会社をつくらなければならなかったのか。
1990年前後、中国は科学、工業、貿易などを重点項目に据え、「科学技術立国」の政策を指向しており、日本企業としてもその方針に沿った形で貢献する必要があったわけで、その一つが研究開発事業の展開だったのである。一方、現地製造会社サイドから開発・設計の現地化に対する強い要請もあり、中国全土で展開中の製造・販売事業というステージから「研究開発」を含めたハイレベルの産業貢献へと次元を一段階引き上げる方針を提唱したのである。

モノづくりの基礎となるR＆Dが中国で展開されれば、単なる下請生産地域としか見られていなかった中国も新しいアドバンテージを外国に向かって発することができると思ったはずだ。松下電器にとってもこれは新しい事業展開に成り得ると判断したようだ。

従来は日本で開発した製品成り技術なりを一定の時間が経過した後に移転していたが、これからはその時間差を縮め、時には日本と殆ど同時に立ち上げる形ができる絶好の機会にもなるからだ。

## ハイテクの本拠地に乗り込む

北京の「中関村」（Zhongguancun）と言えば、いまや日本でもハイテクの集積地として有名で、「中国のシリコンバレー」とも言われている。天安門を起点にすれば、北東方向に北京・松下彩色顕像管有限公司（ＢＭＣＣ）があり、北西方向に同じくらいの距離のところに中関村は位置している。俯瞰すれば、この3地点がちょうど逆三角の形になっている。下の点が天安門、上の右点がＢＭＣＣ、左点が中関村という関係にある。

車で行くと、北三環路と北四環路を南北に結びつける中関村大街という大きな通りがある。科海集団や中国人民大学などはこの通り沿いにある。この中関村大街に立つ中関村大厦という高層ビルの18階に松下電器研究開発（中国）有限公司が入っている。

中関村というハイテクパークはアジア諸国の工業団地のように特別に壁やフェンスで一定区域を囲っているわけでもないので、普通に見れば、変哲もない中・高層ビルが順序よく並んでいるだけのごく

特徴（1）グローバルR&DD拠点とのリンケージ

【グローバルR&DD拠点の1つとして活動】

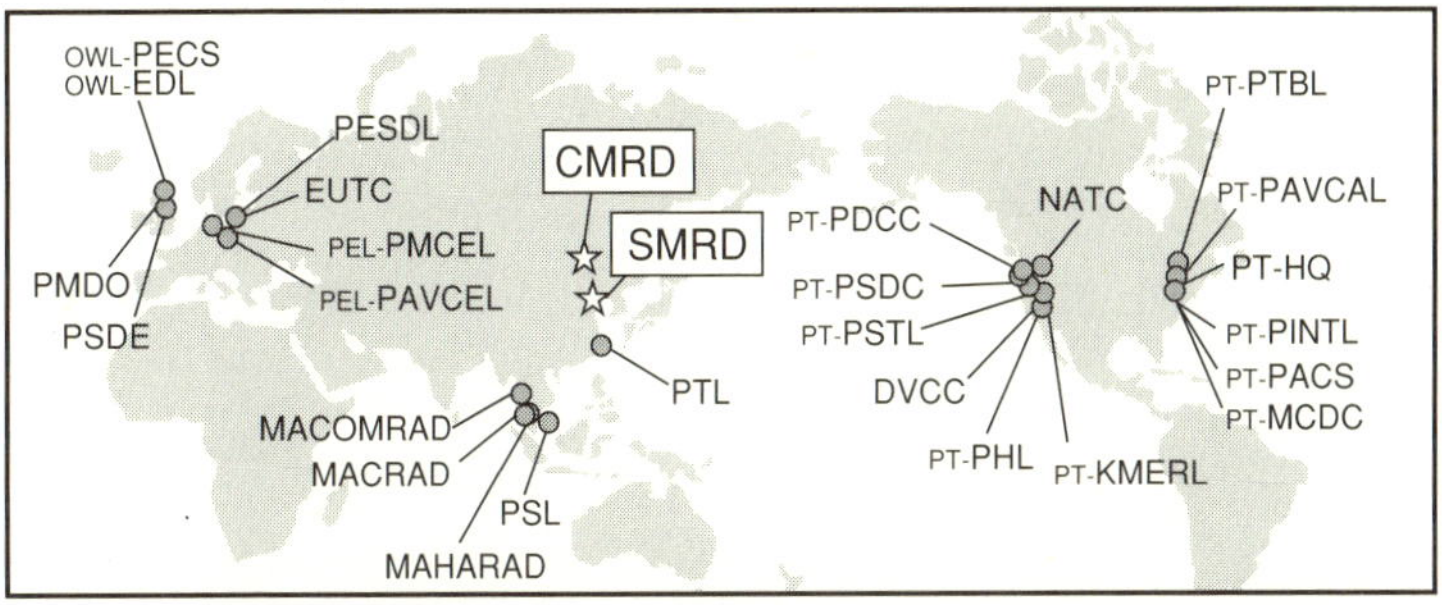


グローバル松下電器グループ（2002年2月時点）
R&DD拠点数　103拠点（国内68拠点、海外35拠点）
技術者数　37,000名（国内技術者数 28,000名、海外技術者数 9,000名）
R&DD投資　約50億米ドル

ありふれた風景である。

「ここが有名な中関村です」と説明を受けても、前のめりになって「へェー、ここがそうですかぁー」と感嘆符がいくつもつくような雰囲気にはなりにくい。中国を代表する清華大学、北京大学をはじめ北京理工大学、北京航空航天大学、北京郵電大学など理工系の俊才が集まる大学が数多く立地しているので、本当はもっと感心しなければならない地域なのであるが、視覚的な感動は湧きにくい。

## 北京と蘇州のR&D

ＣＭＲＤもＳＭＲＤもともに松下電器１００％出資、資本金は６００万ドル。ＣＭＲＤの社員は現在１２５名（日本人８名、うち開発技術者が４名）。ＳＭＲＤの社員は55名（日本人は5名）。現在、ＣＭＲＤは3研究所5センター体制（3研究所とは北京研究所、先端移動体通信研究所、ＣＲＴ研究所、５センターはＡＶＣ中国開発センター、システムソリューション北京開発センター、ソフトウエア開発推進センター、MACO中国開発技術センター、電池技術開発センター）となっている。SMRDは2センター体制（空調機器研究開発センター、照明光源開発センター）だ。

3研究所と5センターの内容を事務的にではあるが、以下に簡単に紹介すると……。

（1）「北京研究所」→グローバルの要素技術研究所群と連携し、ネット家電技術と音声インタラクティブ技術の研究開発を手がけている。さらには中国科学院や清華大学などとの共同研究も行っている。

（2）「先端移動体通信研究所」→日本・米国・英国の研究開発会社と連携し、GPRS携帯電話端末の開発（携帯電話応用ソフト開発、中国市場向け携帯電話カスタマイズ開発）、3G／4Gの研究開発を行っている。清華大学や北京郵電大学とのTD－SCDMAに関する共同研究も行っている。

（3）「CRT研究所」→松下電器が北京市政府と合弁している北京松下・彩色顕像管有限公司（BMCC）の研究開発部門でもある。CRT（カラーブラウン管）のディスプレイに関する基礎技術の研究開発を行っている。例えば、電磁偏向理論の研究、スクリーン分析システムの開発（新型ディスプレイデバイスの研究開発）などを扱っている。

（4）「AVC中国開発センター」→日本のパナソニックAVC社の中国研究開発拠点で、中国での映像・音響・情報分野のデジタル機器開発（リナックス上でのGUI・ミドルウエアなどの開発、CODEC画像処理アルゴリズムの開発）、中国向けデジタルTV技術の動向調査や規格策定活動も行う。

（5）「システムソリューション北京開発センター」→日本のパナソニック・システムソリューション社の中国開発拠点で、中国での情報通信システム及びマルチメディアシステムの設計開発を行う。中国ビッグプロジェクト案件の推進も行う。

（6）「ソフトウエア開発推進センター」→中国でのソフトウエア開発の品質・生産性向上、中国松下電器グループ製造事業場へのソフトウエア開発支援などを行う。

（7）「MACO中国開発技術センター」→日本の松下電子部品の中国における研究開発拠点で、欧州・北米・シンガポールの海外部品研究所群と密に連携して、中国における高周波デバイス・機能モジュール・パッシブ部品群の研究を行う。

（8）「電池技術開発センター」→日本の松下電池工業の中国における研究開発拠点で、電池材料を中心とした研究を行う。

こうして羅列してみてわかったのであるが、松下電器にとってのメシの種を探し出して育てるということになろうか。研究所とセンターの区別をあえて言うならば、研究所はより技術に近く、センターは商品に近いということだろう。

ついでに、SMRDの2センターについても説明を加えておくと、空調機器研究開発センターは日本のホームアプライアンス社の中国研究開発センターという位置づけで、空調機器の設計開発を担当している。とくにグローバル機種になるような商品開発を行う。

また、照明光源開発センターは日本の照明社の中国研究開発センターで、照明光源などの部材評価を行っている。

## 研究・開発・設計も最適配置

「R&Dの会社には使命があります。一つは中国における松下電器グループの開発設計能力向上への貢献で、これは中国人の生活スタイルに合った商品をリサーチし、中国市場に受け入れてもらえるような商品の現地開発設計を行うことです。もう一つは、グローバルな松下電器グループの研究開発の強化を担う拠点であることです」（岩崎総経理）。

前出のシンガポールのPSLの項でも触れたが、海外R&D拠点は日本本社の企画部門と連携しながら世界各国で研究開発を展開している。

つまり、北京や蘇州など一部の地域だけを対象とするのではなく、グローバルにリンクしながら研究開発を行っていることだ。中国では優秀なコスト・パフォーマンスの高い研究者が集まっており、それを各拠点にも反映させていくことが求められている。

さらに付け加えるとすれば、立地環境（北京では中関村、蘇州ではハイテクパーク）の特長を活かした大学・研究機関との協力関係の確立も重要な役割として挙げられる。つまり、大学・研究機関との共同研究開発の推進ということだ。

例えば、99年12月から音声認識領域で中国科学院自動化研究所と共同研究を行っている。2000年7月に清華大学光ディスク国家工程研究センターに「清華・松下ＤＶＤ番組制作連合実験室」を設立、2001年7月には北京郵電大学と中国の第3世代ＴＤ－ＳＣＤＭＡに関する共同研究も開始している。

他の日本企業のＲ＆Ｄ拠点との違いは、松下電器では単にＲ＆Ｄではなく、「Ｒ＆ＤＤ」として機能を深化させている点だろう。

すなわち、Ｒ＝Research（研究）、Ｄ＝Development（開発）、Ｄ＝Design（設計）である。

「Ｒ＝Research」は、世の中のいろいろな科学技術の調査を行い、新しい技術を研究する、というものだ。

「Ｄ＝Development」は、個々にあるいくつかの技術を束ねてプロトタイプ（試作品）をつくり、新たな製品を生み出すという商品開発フェーズだ。

そして、もう一つの「Ｄ」である「Ｄ＝Design」は部品を替え、新たなものを付け加え、コストダウンを図り、安定した商品をつくるというマイナーチェンジだ。

こういうのをひっくるめてＲ＆ＤＤとしている。

Ｒ＆ＤＤは、ＣＭＲＤやＳＭＲＤのように独立した法人の研究所以外にも、各事業所（工場）内に併設された形で展開されているところもある。個々の事業体の経営状況に合わせて、研究開発機能を持つ事業場と、そうでない事業場があるわけだ。やはり効率のよい配置が必要なので、独立した研究所（法人）もあれば、手元にある場合もあるのだ。もちろん、事業場内にある場合は、技術・開発・設計の対象もそこでつくっている製品向けとなる。

特定の商品向けにR＆DD機能を専門とする会社が設立されている場合もある。マレーシアにいくつかある。マレーシア松下エアコンR＆Dセンター（MACRAD、91年6月設立）、マレーシア松下コンプレッサー・モータR＆Dセンター（MACOMRAD、97年9月設立）、マレーシア松下電化機器R＆Dセンター（MAHARAD、2000年4月設立）がそれである。

## まず、人ありき

技術者の学歴は高い。CMRDでは博士15％、修士50％、学士35％。グループ会社からの移動はわずかで、9割は独自に採用した。

「〈パナソニックという会社だから入社を希望した〉という技術者も多いですね」（岩崎総経理）。

一方、SMRDには博士はまだいないが、修士12％、学士が88％という状況だ（2003年9月時点）。

中国人技術者の発想は日本人と比べてもかなりフレキシブルで活発で柔軟だそうだ。彼らはチームワークというよりは、個人の裁量で動くことが多い。技術者の種類にもよるが、日本人技術者のようにまず会社のために商品化を念頭に置いた研究開発に取り組む人もいれば、そうでない人もいる。

「一般的に、中国人は常に一歩上のレベルを目指しています。例えば学士であれば修士へ、修士なら博士へ、という具合です。つまり、ポイントは〈人〉です。まず〈人ありき〉です」（岩崎総経理）。

ＣＭＲＤが北京の中関村に設立されたことは普通に考えれば納得できる。中関村ハイテクパークは約８キロ×９キロのエリアで、北京大学、清華大学など68の大学があり、学生数は30万人にも及んでいる。

また、中国科学院所属の40研究所もある。こういう恵まれた環境にあれば、優秀な技術者が獲得しやすい。従って、松下電器以外にもキヤノンやＮＴＴデータなどの日本企業や大手の欧米企業が数多く集まっている。

では、なぜＳＭＲＤは蘇州であって、上海ではなかったのだろうか。上海は家電メーカーにとっては新製品を投入したりする際の導入モデルを考える上でも最適の地域である。家庭生活に密着した製品が売れるかどうかを見る上では絶好の販売対象地域なのだが……。

「北京の次に設立するとすればどの地域が一番適しているのか、我々としてもいろいろ考えました。上海周辺を含めた上海圏に絞り、とくに松下電器グループ会社が事業展開している上海、蘇州、杭州など３〜４か所を調査することになりました。よく検討した結果、蘇州を選択したのです」（岩崎総経理）。

ＣＭＲＤの所内を見学すると、研究者はパーティションで区切られた独立空間で作業を行っている。技術者の平均年齢は26歳と若い。ただし、「優秀な研究者ほど横移りが激しいので、我々も大変です。それに、研究領域も広がってきているので、今後研究者を増やさなければなりません」（岩崎総経理）。

付け加えるとすれば、中国にはＲ＆Ｄ拠点があと２か所ある。一つは、第３世代携帯電話に関する研究開発を行う上海宇夢通信科技有限公司（ＣＯＳＭＯＢＩＣ、２００２年４月設立）で、松下通信工業・ＮＥＣ・華為技術有限公司の３社による合弁会社だ。

もう一つはカーオーディオ・カーナビゲーション機器の開発・設計を行う天津松下汽車電子開発有限公司（ＰＡＳＤＴ、２００３年２月設立、松下電器１００％出資）だ。天津は自動車産業が集積していることも設置の理由になっている。

従って、正確に言えば、松下のＲ＆Ｄ拠点は中国に４か所にあるということだ。

## バケツ・リレーは時代遅れ

さて、これまで述べてきたＲ＆Ｄにおける中国向けとグローバルへの貢献は二律背反するものではなさそうだ。そもそも松下電器が製造する製品は多種多様だ。

例えば、単機能としてのＤＶＤ商品そのものは全世界共通なものだが、その中で中国語、英語、ドイツ語、日本語などの表示があって初めてそれぞれの国の人たちが使えるわけである。従って、ＤＶＤ自体に各地域に適したソフトが組み込まれているのである。

一方、デジタルテレビなどではいくらか様相が違う。画像処理、音声処理などデジタルテレビの基本部分は共通だが、異なっているのは各地域の電波状況であり放送方式である。そうしたものに準拠して規格があるので、どこでもつくれるというものではない。携帯電話も同じで、機能は一緒だが、実際に使うときには言語も方式も違ってくる。結局、その地域における顧客の要望に応じた設計や開発が必要になるというわけだ。

今後大きく需要が伸びると予想されるネット家電には、家庭内だけでなく、外部（自治体や各種サービスネットなど）とのネットワークが重要なファクターとなる。また、家庭内通信配線ひとつをとってみても、有線・無線・光ファイバー・電灯線等など、地域インフラや通信規制、家屋の状況によって異なる。

さらに言えば、ネット家電のスタンダードも乱立している状況だ。従って、国や地域の事情に合わせて開発する必要があるものとグローバルに共通するものの二つがある。

また、日本で開発した技術はまず最初に日本で製品化し、一定の時間をおいて海外に移転していた、いわゆる「バケツ・リレー方式」はもはや時代遅れとなっている。松下電器でも最近はその移転間隔が短くなり、同時発表も出て来つつある。日本よりも先に出る欧州発、米国発も予想され、そのうち中国発も出てくると思われる。

その際の必要十分条件とは、日本と海外の研究チームの相互協力である。

「例えば、音声認識のグローバルプロジェクトであれば、米国、日本、北京の各研究所がリンクして協力し合うことになるでしょう」（岩崎総経理）。

北京、蘇州、シンガポールの3拠点以外に、各製造会社にR＆Dチームがいることは先に述べたが、そこでは製品の設計・開発・試作・量産を自己完結で展開しようとするものだ。製品製造に関するものだけではなく、その上流にまで遡って、基礎となる開発まで行っているということだ。

これについて少徳副社長は次のように言う。

「中国での電子レンジは上海で大部分を開発しています。基本的な設計はまだ日本でやっていますが、次の段階では日本と現地が設計のプロセスの分担を行い、この分担を徐々に現地に移します。いずれはゼロから開発するものも出てくるでしょう。米国で50ドルを切る電子レンジが評判を呼んでいます。あれとて中国で設計段階から手をつけているからできることなのです」

第6章

# 『躍進21』へ

# 1 アジア拠点設立が相次いだ2003年
## ——キーポイントはやはり中国

### 2003年の新会社

松下電器は世界各地に200以上もの拠点を有しているが、2003年の1年間だけでも以下の海外会社を設立している。

（1）2003年2月、中国の天津でカーオーディオ、カーナビゲーション機器の開発・設計を行う会社、天津松下汽車電子開発有限公司（PASDT）を設立。場所は天津経済技術開発区内で、資本金は500万ドル（約6億円）、松下電器100％出資。人員は2007年までに260名にする。同社の主管部門は日本のパナソニック・オートモーティブ・システムズ社（PAS）で、PASとしてはPASDTが大連のカーオーディオ製造拠点（大連松下汽車電子系統有限公司）に次ぐ2番目の拠点となった。PASの研究開発拠点としては既に日本・米国・欧州にあり、PASDTの設立によってカー・マルチメディアにおけるグローバル4極研究開発体制が出来上がる。

また、中国でのR＆D拠点としては北京の松下電器研究開発（中国）有限公司（CMRD）、蘇州の松下電器研究開発（蘇州）有限公司（SMRD）、上海の上海宇夢通信科技有限公司（COSMOBIC）に次いで4番目となる。

（2）2003年4月、松下国際商事（上海）有限公司（MITSH）を設立。資本金は20万ドル、松下電器100％出資。生産資材や技術商品の輸出入及び三国間取引を行う。

（3）2003年6月、ベトナム松下ホームアプライアンス（MHAV）を設立。資本金は750万ドル（約9億円）。従業員は100名からスタートする。場所はハノイのタンロン工業団地内。事業内容は洗濯機、冷蔵庫、ガステーブルの生産・販売で、2003年9月から生産開始。ベトナム国内だけでなく、周辺の東南アジアや中国への輸出も予定。2006年には売上げ50億円を目指す。

ベトナムの家電市場は約800億円規模で、松下電器は10％のシェアを持っているが、「人口8000万人の大市場に加え、最近の経済成長も目覚ましく、楽しみな市場」（少徳副社長）。既にホーチミンにはパナソニックAVCネットワークス・ベトナム（PAVCV、96年11月設立、カラーTV・オーディオ生産）があり、このMHAVはベトナムでは2拠点目になる。

（4）2003年7月、松下科貿香港有限公司（MTTHK）を設立。資本金は60万香港ドル、松下電器100％出資。

（5）2003年8月、松下電器物流（上海）有限公司を設立。業務内容は、輸送・倉庫・輸出入

国内物流・物流データ分析・コンサルタントなど。

(6) 2003年8月、杭州松下馬達(家電)有限公司(HMM(HA))を設立。資本金は16億円、事業内容は輸出用の空調・家電用モータの生産で、2003年から生産開始。これは松下電器とミネベアがモータ事業部分野で事業統合し、日本国内はグローバルな設計開発・生産技術・開発実証・品質保証・海外支援に特化し、生産は基本的に中国移管するために伴った会社設立である。輸出先は日本及び東南アジア。

(7) 2003年10月、蘇州松下生産科技有限公司(PFSS)を設立。資本金は3億円、松下電器100%出資。普及型の実装機及びその周辺機器の生産で、2004年1月からスタートし、世界に向けて供給していく。日本での主管部門は、FA事業ドメインのパナソニック・ファクトリー・ソリューションズ社(PFSC)。

(8) 2003年10月、パナソニックR&Dセンター・マレーシア(PRDCM)を設立。資本金は約3000万円。事業内容はマルチメディアに関するソフトウエア開発で、2004年4月からの業務開始が予定されている。場所はクアラルンプール郊外。マレーシアがこれまで進めてきた「マルチメディア・スーパー・コリドー」(MSC)計画による情報技術、デジタル通信などのハイテク産業振興策に沿う形でPRDCMも現地企業とのR&D協力を図るもの。固定電話やインターネット関連ソフトなどを手がける。

（9）2003年11月、パナソニック・モバイル・コミュニケーションズ（PMC）は杭州ユニバーサル・コミュニケーションを設立。第3世代携帯電話向けの通信設備の開発・製造を行う。資本金は1000万ドル。PMC51％、米UTスターコム社（カリフォルニア州）49％出資の合弁会社。

やはり、商売の種が一番ありそうな中国に新会社を設立することが多いようだ。

## 適地生産を求めて生産シフト

もう一つの特徴は、米国やASEANから中国へ、あるいはASEAN内での生産シフトが起きている点だ。こうした生産中止あるいは生産シフトの件数は今後も絶えず繰り返されることになろう。目についただけでも、以下のようなケースが出ている。

2000年4月　マレーシアにR&Dセンターを設立し、ASEAN各国の拠点で独自に展開していた電化製品の開発・設計を集約する。
2000年11月　米国の電子レンジ生産を中止、中国へ移管する。
2001年3月　米国のエアコン用コンプレッサー生産を中止、中国に移管する。
2001年4月　タイに炊飯器、洗濯機、冷蔵庫など白物家電の生産販売会社を設立し、アジアを中心にグローバル市場向け再輸出拠点とする。

２００１年秋　普及型エアコンをマレーシアから中国に移転。
２００２年２月　松下電送システムは英国とシンガポールのファクシミリ製造工場を閉鎖、価格競争力向上で生き残りを図るために、すべてフィリピン工場に生産移管した。
２００２年夏　価格の安い二槽式洗濯機をマレーシアからタイに移転。

とくに、普及型エアコンのようなものでも、「汎用品ではわずかなコスト差も競争力に響く」という理由で中国に移管している。
中国の製造拠点は40か所を超えている。しかも、単品事業が多い。この点については、「関連性のある工場が近い地域にいくつかあれば、単品の会社を再編することも有り得る。新しい生産製品を追加する場合は、同じドメインに属する既存の単品会社に持って行くことになるでしょう」（少徳副社長）。

## 着々と最適地生産に向かう

前述のグローバルな最適地生産については、モータ事業、冷蔵庫事業などでの最適地生産が試みられている。例えば、ノンフロン冷蔵庫とそれを支えるデバイス事業への経営資源の集中投下もその一つだ。環境に対応する目的で開発されたノンフロン冷蔵庫を無錫松下冷機（ＷＭＲＣ、江蘇省無錫、95年７月設立）で生産開始した。松下が海外でノンフロン冷蔵庫を生産するのは初めてのことだ。しかも、生産するのは容量２００リットルの中国限定モデルとなる。２００３年度の冷蔵庫生産予定台数（40万台）のうち、このノンフロン冷蔵庫は約１割を占めることになりそうだ。国内中心だった冷蔵庫事業が、今後は中国やアジアに積極的に展開するのも、グローバル事業強化の一環であることは言うまでもない。

モータ事業については、既にアジア大洋州本部の項で述べたので、ここでは省く。

今後、ＡＦＴＡの進捗とＦＴＡの動向によってこのスピードが早まる可能性が出てきた。例えば、かつての「ミニ松下」を解体し、小ロット生産に甘んじていた各商品を独り立ちできるように分社したのは、ＡＦＴＡの創設によって低関税輸入品の来襲にも耐えられる事業体にするためであった。

いま猛烈な勢いで展開されているのがＦＴＡである。ＡＦＴＡがあくまで域内の自由貿易を促進するための関税撤廃であるのに対し、ＦＴＡはもっと強烈な形で二国間あるいは当事者間の自由貿易を促す内容のものとなる。そうなれば、ＡＦＴＡだけを考えるわけにはいかず、とても安閑としてはいられない。

さらに、中国とＡＳＥＡＮがＦＴＡを結べば、両地域に１２０を超える拠点を持つ松下電器に影響が出ないわけがない。そのために最適地生産に向けて、拠点の集約化、事業の集約化は徐々に進展していくものと思われる。

「中国やＡＳＥＡＮでの大リストラはありません。とくに、中国はどんどん伸びているだけに、投資を増やすことはあっても、減らすことはありません。ただし、関連製品が単独で不効率な形で進出している地域もあるので、その点については一か所に集約したりすることは起こり得るでしょう」（少徳副社長）。

最適地生産に向けていよいよ松下電器のアジア大拠点網が昇竜の如くうねりを起こすのかもしれない。まさに「松下電器、アジアを呑み込む」勢いで強靱な体づくりに邁進しそうな気配だ。

## 組織は生き物

組織は生き物である。時代によって組織も変化する。当然のことながら人も生き物である。時代によって行動の仕方も変化する。

松下電器は創業者松下幸之助によってつくり上げられた「事業部制」が時代に合わなくなり、改革の手が入った。世間からは「脱幸之助」と言われ、松下電器自身も「破壊と創造」と標榜した。

しかし、よく考えてみれば、家電の会社が百貨店に業態変更したわけでもなく、あるいはどこかの外資に乗っ取られて組織を切り刻まれ、まるっきり違った会社になるわけでもない。松下電器が松下電器として今後も生きていくためには、無駄と効率性を最大限に追求する必要があった。それを検証した結果、2000年11月に発表された『創生21』に辿り着くのである。

これは2001年から2003年にかけての3か年中期計画で、商品別に区切られていた事業部制を一度解体して、時代に合った組織につくり上げることだった。これは普通に見れば、事業部解体と思ってしまうが、実は一事業を一部門が担当する本来の幸之助時代の事業部制に戻っただけの話である（事業の重複投資が進んだのは後年になってからのこと）。

中村（邦夫）社長が「第二の創業」と言うのも、ここら辺に真意があるのではなかろうかと推察している。

まず2002年10月に第一弾として松下通信工業、松下精工、松下電送システム、九州松下電器、松下寿電子工業の5社を完全に傘下におさめ（子会社化）、これを組み込んだ形で2003年1月に事業領域（ドメイン）会社8社が出来上がった。そして、2003年4月には合計14ドメインによる

松下電器グループの事業体制

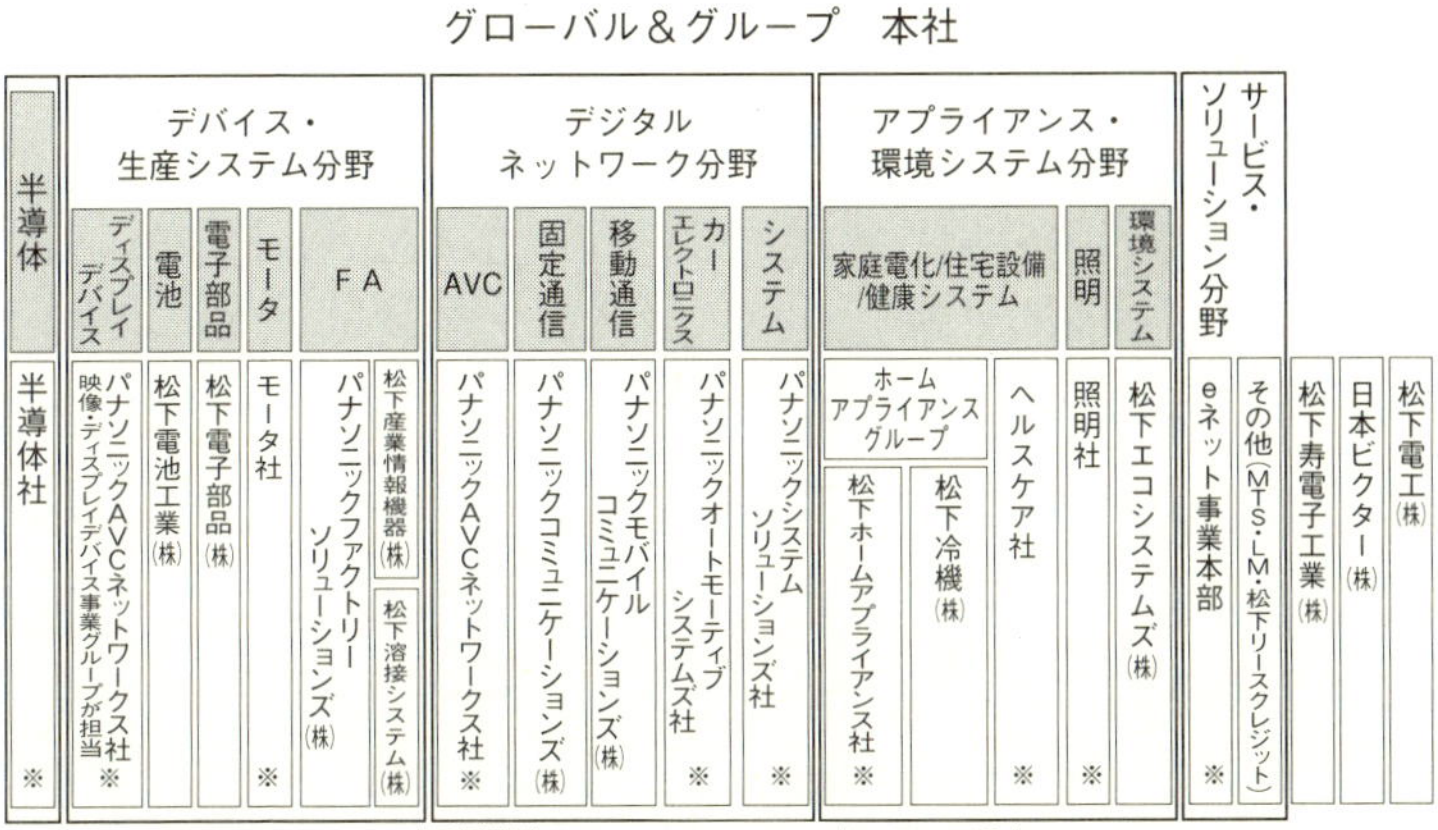


※：松下電器産業（株）　　［網掛け］は14ドメイン　2004年4月1日現在

新体制が整うのである。

この14ドメインは社内分社（社内ドメイン）と全額出資子会社（社外ドメイン）の2種類がある。そして、ドメインが開発・製造・販売の事業責任を負う形となる。

組織が変わって、「しょっちゅう名刺をつくり替えなければならない」とぼやく御仁もいないわけではなかろうが、そんなことは些末なことだ。組織や名刺が変われば、何となく心理的にも「さぁ、頑張ろう」という気にもなる。要は、座っている位置を少しずらしてみるだけでも、見えなかったものも見えてくる。やる気も出る。そう捉えるべきだろう。

この新事業体制の発足に伴って、海外事業場もそれぞれ自分の親元（主管部門）のドメインの下に参集することになった。これが大変な作業となる。というのは、海外には220以上の拠点があるからだ。複品生産の「ミニ松下」を除けば、これまで各事業部から海外進出しているケースが殆どなので、新事業体制に沿って自分の親元も決定する（一般的に、名称は変わっても従来の枠組みを大きく逸れた形での移動はあまりない)。

従来、子会社化された5社の中には松下電器本体の商品と競合するものをつくっていたケースもあったので、「私は旧松下通信工業の出身でして……」とか、「以前は九州松下電器で……」とかの会話が東南アジアの工場でも聞かれるように、新しいドメイン傘下に再編された海外事業場では出身母体の異なる駐在員が現場で一緒になることも多くなっている。

## ドメイン会社と地域統括会社の関係

中国やシンガポールに設置されている海外地域統括会社は本社のグローバル&グループ本社(Global & Group Headquarter)のもとにある。この地域統括会社が各ドメイン傘下の海外事業会社に出資し、組織上の親元会社になる。

もう少し説明すると、一般的に海外子会社はこれまで事業部と関係会社、そして本社が共同で出資してきた。今回の新事業制度からは、まずドメインが出資相当額を本社に預託することになる。それを受けて、本社が100%出資することになる。ただし、これは松下電器100%出資である地域統括会社からの出資の仕組みに変える。そのために、これまでの出資分の名義変更作業が必要になる。この作業が現在進行中である。

地域統括会社の性格はこれまで何度か記述してきたが、担当する域内の事業会社に本社に成り代わって出資し、販売と回収に責任を持っている。ドメイン会社と協力して、域内での事業戦略にも関わり、域内事業会社を支援していく。

ドメイン会社と地域統括会社は本当に日常的に協力し合えるのだろうか。

各工場にしてみれば、主管部門のドメイン会社には事前に相談したり、事後の検討作業を行ったりするのは当たり前だが、地域統括会社に対してはどのような関係を築けばいいのか、実はまだしっくりきていないのが実情だろう。

組織は一日や二日でうまくいくものではない。熟れるまでには時間がかかる。少なくとも、地域統括会社は出資もし、販売の機能を受け持つ以上は、口も出さなければならないのである。

松下電器は事業部や子会社の独立性を尊重し過ぎたことから事業の分散と重複を招き、競争力を低下させた苦い過去がある（先の松下通信工業や九州松下電器などグループ会社の重複事業は合計1兆円にも達していたようだ）。分散と重複を避けるためには、組織が膠着化しないことが重要である。そういう意味でも、地域統括会社は域内事業会社に対する管理面の役割が重くのしかかっている。

## 2 『創生21』から『躍進21』へ
### ——21世紀型の組織に向けて改革の総仕上げ

**松下電工の子会社化**

2003年も押し詰まった12月19日、松下電器は「松下電工を子会社化する」と発表した。「松下電工は松下電器の子会社ではなかったのか」と改めて聞き直す人も多くいたほどだ。松下電工には失礼な話だが、世間の人がそう思うくらいとっくの昔から松下電器の子会社だと思われていたのだ。ところが、実際は同じ「松下」の名前を持つ兄弟会社であり、それ以上の関係ではなかった。むしろ、詰めようにも詰められない事情があったのである。

松下電工は松下電器の配線器具の生産・販売事業を引き継ぐ形で設立され（現在で言うところの分社）、その後は家庭用電器製品、電設資材、住宅建設建材、電子材料など事業を拡大し、その対象も住宅、ビル、商業施設、工場など広範囲にわたっていた。

事業分野を拡大した結果、松下電器との間で競合する商品も出てきた。例えば、システムキッチンや空気清浄機などはその典型だ。お互いの重複事業は高度成長期には有用な面もあったが、いまの時期、グループ会社としては完全に二重投資となる。その一方で、住宅における照明器具を松下電工が扱い、電球や蛍光灯は松下電器がカバーするという補完関係にある商品も多い。この補完関係が意外に発揮できていなかったと指摘する向きもあった。

つまり、松下電工の提供する住宅やビルの照明器具（傘など）に、松下電器の電球や蛍光灯が必ずしも取り付けられてこなかった、というのだ。

この背景を説明し出すとかなり紙数が必要なのでここでは省略するが、要は、松下電工の「松下電器からの独立路線」が両社の距離を縮めてこなかったということだ。松下電器と松下電工の本社は道路（国道1号線）を挟んで隣接しているが、お互いの間にはかなり大きな壁が立ちはだかっていたのである。東京では汐留地区に東京新本社（24階建て）を2003年4月に完成させ、独立心の強さをアピールしたばかりだった。

2003年12月20日現在、松下電器の松下電工に対する出資比率は31・8%。松下電器は米国会計基準を採用しており、松下電工を持ち分法適用会社（20%以上、50%以下）としている。そのために、経営に関する拒否権は行使できなかった。今回の子会社化で出資比率を公開買い付け（TOB）で51・0%まで引き上げ、経営の関与を深めることが可能になる。公開買い付けは2004年1月下旬以降から3月中旬にかけて実施され、3月26日に終了した。買い付け価格は1株当たり1040円。買い付け予定株式数は1億4055万株。公開買い付けという、一見荒っぽい手法を取ったのも、一刻も早く松下電工を松下グループのメイン事業の一つに据えて結束し、既に到来しているグローバル時代に勝ち残る組織を築きたかった松下電器側の強い意志と希望によるものだ。

松下電工の2002年11月期の連結売上げは約1兆1700億円、経常利益287億円、従業員数は約4万7000人。

松下電器は松下電工を連結対象にすることで、国内最大規模の電機メーカーとなる。松下電工の決算期（11月）の見直し、重複事業や研究開発面でも事業交換や統合が行われる見込みだ。

## 海外拠点の総合力も向上

12月9日、中村邦夫松下電器社長は、

「松下電器と松下電工は、言うまでもなく、松下幸之助を創業者とし、創業者の経営理念を共にする会社であり、１９３５年に松下電工は配線器具・合成樹脂・電線管部門の事業を継承して発足しました。以後、それぞれの独自の戦略に基づき切磋琢磨しながら事業展開してきました。……（略）……このたび、協業を円滑にするため、資本関係の強化も行います。松下電器は本日開催された取締役会において、松下電工株式を公開買い付けにより追加取得し、51％の持ち株比率とすることを決議しました」という発表文を読み上げた。これを受けて、松下電工の畑中浩一社長も、

「……（略）……当社は従来から住まい、ビル・オフィス、工場、店舗、街づくりまで含めてあらゆる快適空間をソリューションで提供する総合メーカーとしてビジネスを展開してきました。その中心は電機（器）・情報・建材の融合によるソリューション・ビジネスです。今回の松下電器の提案は、まさしく当社が進めてきた電・情・建ビジネスに、新たに松下電器が持つアプライアンス、ネットワークなどの強いリソースが加わることになり、これほど強い企業グループの誕生はないものと確信するに至りました。……（略）」とのメッセージを出している。

松下電器にとっては松下電工の住空間ビジネスに参入度を深め、来るユビキタス（ubiquitous＝

「遍在」あるいは「どこにでもある」という意味で、至る所までコンピュータが入り込んでいる環境を指す）社会に対応しようという狙いがある。同時に、松下電工の持つ事業領域を傘下におさめることによって、例えばネット家電と住宅事業の融合が進むなどお互いの相乗効果を実現しようということだ。

海外事業においても子会社化の効果は期待できそうだ。これまで松下電工は独自に中国やアジアに進出していたが、これからは松下電器と協力すればトータルな事業展開が可能になる。統合や再編など組織の見直しや事業交換は今後検討されることになるが、海外メーカーと対抗する上で重要となる総合力の向上は間違いない。

現時点（２００４年３月１日）で判明しているのは、中国地域を統括する松下電工（中国）を核に中国事業が展開されることだ。この松下電工（中国）は松下電工１００％出資だが、実際は６社の社内分社（制御機器、電子材料、住建、情報機器、照明、電器）からの出資である。

「やはり松下電工の傘には松下電器の蛍光灯が似合う」とはある松下電器関係者の弁だ。

## 『創造21』から『躍進21』へ

２００４〜２００６年の中期計画は「躍進21」と名付けられた。前中期計画（２００１〜２００３年）が「破壊と創造」の３年であり、松下電工の子会社化でもって、中村社長は「グループ再編は完了した」とした。すなわち、「破壊」は終わったということだ。今後３年は未来に向かって『躍進』の時期であることを訴えている。

２０００年に中村社長が就任して以来、継続的に行われてきた『破壊と創造』は次のような段階を経てきている。

まず「破壊」であるが、2000年の電子工業との合併、2001年に家電流通改革・雇用構造改革・拠点の統廃合、2002年は5社（松下通信工業、松下精工、松下寿電子工業、九州松下電器、松下電送システム）の100％子会社化、2003年はドメイン会社への構造改革。一方、「創造」は2000年にIT革新、2001年はモノづくり改革とフラット＆ウエブ経営、2002年はCCM・キャッシュフロー経営、2003年は事業ドメイン別体制の構築と新しい「しくみ」のスタート……という具合になる。

『躍進21』の初年度である2004年の経営スローガンは「一人ひとりが創業者（Acting with the Spirit of a Founder）……次代を拓く（Blaze a Trail to a New Era)」とした。その真意は、「21世紀の飛躍のスタートラインに立った大きな使命感と、新たな未来を切り拓く喜び、という思いを込めた」というものだ。

序章でも触れたが、『躍進21』でも海外事業の重要性は依然とトッププライオリティとして引き継がれる。

「2010年のグローバル№1に向けて、営業利益率10％が目標です。それがエクセレント・カンパニーの条件だからです」と中村社長は言う。

実は、この営業利益率10％という数値目標は松下電器全体としての方針に明文化されていない。あくまでも、中村社長の個人的な理想だ。それを公の場で明らかにしたのである。裏返せば、それくらいの数字を残せなければグローバルな競争に生き残れないとする中村社長自身の訓戒ともとれる。

「目標だった営業利益率5％は現在達成していませんが、2003年にその素地はできたと思います。２００6年には是非５％を達成したい」とする中村社長の発言を引き継ぐ形で川上徹也常務が、「ＤＶＤやＰＤＰなどの商品を抱えるＡＶＣ、さらにはモバイルの貢献が大きいでしょう。現在集中的に構造改革を行っているデバイス部門の好転も期待されます。これらの貢献が５％への道筋になるでしょう」と言う。

また、『創生21』では「海外で利益の60％を稼ぐ」ことを目標にしてきたものの、実際は49％前後である。つまりは、目標をクリアしていないわけだ。これについては、中村社長は「海外事業で利益の60％確保は明解な目標です。何とか実現したい」、川上常務も「海外事業の伸びは期待できます」とコメントするだけにとどまった。

海外メーカーの急成長が松下電器の利益構造を崩す可能性については、「競争激化は目に見えて熾烈です。でも、ＴＶなどの分野に関して当社は鮮明な画像づくりで50年の歴史があります。これは外国メーカーに真似ができるものではありません。いわゆる、ブラックボックスを持っているからです。ブラックボックスも時間とともにブラックボックスでなくなれば、さらに新しいブラックボックスを編み出せばいいことです。中国や韓国のメーカーには負けません」（中村社長）と強気だ。

このブラックボックス化には、デバイス開発から完成品に至る垂直統合が必要だ。そのためには松下通信工業、松下精工、松下寿電子工業、九州松下電器、松下電送システムの完全子会社化（２００２年）と今回の松下電工の子会社化はどうしても必要だったのである。

米経済誌フォーブスは２００３年の「今年注目のアジアのビジネスマン」に中村邦夫社長を選んだ。薄型ＴＶの成功を評価されたものだ。「至らないところがあるにも関わらず、好意的な評価をしていただき、感謝しています。（業績を上げた松下電器の）代表としていただいたと理解しています」と、聞いている者には少々物足りなさを感じるコメントであったが……。

## 3 松下とソニーはどこへ行くのか
### ——海外でも対照的な行動

松下電器とソニーは良きにつけ悪しきにつけ、いつも比較されてきた。クロスする商品カテゴリーは多々あっても、まったく同じ業種の会社かと言えば、そうでもない。それなのに、比較される。〈比較することの快感は部外者の特権である〉とも言いたげな比較本が多いけれど、そこには「ソニー・カルチャー」、「松下幸之助の遺伝子」という一口表現から、「農耕民族型の松下、狩猟民族型のソニー」のような行動癖の違い、あるいは単に「販売の松下、技術のソニー」、「百貨店の松下、専門店のソニー」などという具合に、なかなか選り取りみどりで、これでもかと言わんばかりのうまい表現がいろいろあるものだなと感心してしまう。

気さくな性格のためにいつも仲間に囲まれているのが松下電器とすれば、仲間づくりの下手なソニーという印象が強い。ＶＨＳとベータの熾烈な戦いが繰り広げられたことはいまでも記憶に新しいが、あの時、松下電器は賛同してくれるグループを懸命に募り、多くの企業を味方につけた。

これに対して、ソニーは「ついてこれる者だけついてくればいい」という孤高の雰囲気を崩さなかった。この素っ気ない性格が災いしてベータ陣営に馳せ参じた企業が少なかったためにベータ陣営は敗退に至っている。

ここ５年間の売上げを見てみると、以下のようになる。ちなみに、松下電器が連結売上げでソニーに抜かれたのは２００２年３月期だが、２００５年３月期には大幅に抜き返すことになる。

連結売上げ

「松下電器」

| | |
|---|---|
| ２０００年３月期 | ７兆２９９３億円 |
| ２００１年３月期 | ７兆６８１５億円 |
| ２００２年３月期 | ６兆８７６６億円 |
| ２００３年３月期 | ７兆４０１７億円 |
| ２００４年３月期 | ７兆４７９７億円 |
| ２００５年３月期 | ８兆８０００億円（予） |

「ソニー」

| | |
|---|---|
| ２０００年３月期 | ６兆６８６６億円 |
| ２００１年３月期 | ７兆３１４８億円 |
| ２００２年３月期 | ７兆５７８２億円 |
| ２００３年３月期 | ７兆４７３６億円 |
| ２００４年３月期 | ７兆４９６４億円 |
| ２００５年３月期 | ７兆５５００億円（予） |

（２００５年３月期には松下電工を連結、子会社化し、８兆８０００億円となる。松下電器の連結売上げはこの10年間は７兆円をベースにあまり動きがない。参考までに、10年前の93年３月期の売上げは７兆５５８億円だった。その後３年間は７兆円を割っている）

ここでは多少サイドストーリー的な側面からアジアの現場をいくつか紹介したい。

## インドネシアの松下とソニー

インドネシアでオーディオ機器とTV製造を展開していたソニー・エレクトロニクス・インドネシア（＝SEI、92年4月設立）が2003年3月に工場を閉め、その生産分をマレーシアの工場が引き受けている。良く言えばマレーシアへのシフト、悪く言えばインドネシアからの撤退だ。「シフト」の理由は、海外工場の大再編に沿ったというもので、最適地生産を求めてマレーシアの拠点に移管したわけである。確かに、ソニーの海外工場は99年3月時に70であったが、2002年4月には54工場まで整理されている。もう一つの見方である「撤退」の理由は、インドネシアの激しい労働組合運動に悩まされ、これ以上、マネジメントの苦労はしたくないというものだった。

シフトにしろ、撤退にしろ、企業経営の方向性に関わることなので、一概に悪いとは言えない。むしろ、10年間も生産活動を行ってきた実績を簡単に手放すことの無念さもあろう。

SEIが2000年4月から約4か月もの長期にわたってストライキに見舞われたことがシフト・撤退の遠因となっているのは否定できない。そのSEIの経営陣と労組が激しく対立する中で、ことの発端を巡ってその矛先が松下電器にも及んでいる。

多少下世話めくが、ご容赦願いたい。

当時、SEI労組の上部団体はインドネシア金属労働者連合（SPMI）で、そのトップが松下電器の現地法人（ナショナル・ゴーベル）のインドネシア人の労組委員長であった。労組の活動家としては強力なリーダーシップを発揮する人物としても知られている。このことでインドネシア企業社会では「松下がソニーのストライキを煽った」などと面白可笑しく取り沙汰されたのである。

迷惑なのは当の松下とソニーの現法経営陣だ。同じ日本人駐在員として両者の間には気まずい空気が流れ、いつの間にか当人たち同士がまるで対立しているかのように錯覚してしまうほどの感覚に陥っているようだった。

当時のナショナル・ゴーベルの大岡正美社長もややこしい状況を憂慮して、その委員長に、「SPMIの委員長になるなら、ナショナル・ゴーベルから身を引いてくれ」と忠告しているくらいだ。

緊張した空気にむずがゆい思いをしていた松下電器は、その後のソニーの撤退で結果的にその緊張感から開放されることになった。

## インドの松下とソニー

インドの自由化政策は91年にスタートしている。これ以降、外資は100%出資で進出できるようになった。ただ、100%出資が可能だと言っても、実際はインド企業への技術移転や輸出競争力のある商品開発を期待して合弁を強いる面もあったようだ。そういうところに、ソニーは100%出資の形でインドに乗り込んだ。それがソニー・インディアで、設立は95年1月だった。

一方、松下電器は自由化以前にインド松下・ラカンパル電池(72年5月)、インド・ナショナル(72年7月)、インド松下カーボン(82年9月)、インド松下電化機器(88年9月)の4社を設立していた。もちろん、すべて合弁製造会社である。自由化以降ではまず94年8月にインド松下電器が設立されているが、これは製造会社ではなく販売会社であったので、１００％出資としている。

「インドでは合弁が基本です。我々はまだインド市場を知らない。競合メーカーとのトラブルや衝突を考えると、ローカル・パートナーの存在は有り難い」

こう言うのは、取材した97年当時の中嶌俊雄インド松下電器社長。

その後、松下電器はインド松下テレビ・オーディオ（96年4月）、インド松下エアコン（97年6月）、インド松下洗濯機（97年8月）も設立され、現在は合計8社となっている。製造会社で１００％出資なのはインド松下エアコンだけである。

97年の取材時、インドで何が起こっていたか。

自由化以降の１００％出資製造会社としては初のケースとなったソニー・インディアは、「インドでパートナーは不要」という自らの意思を貫いたものの、「ソニーはインドへの貢献や協力をする気がないのか」とソニーの態度を快く思わないインド側からさまざまな形で意趣返しに遭っている。

許認可ではインド政府からなかなか返事をもらえないといった類のじらしに遭い、地元の電機業界からは「ソニーから業界としての協力要請があっても、話は聞くな」と必要以上にライバル視され、日系企業からは「ソニーさんは唯我独尊ですな」と距離を置かれている。孤立無援状態となったわけだ。

この時、松下電器の周りには気心を通じ合わせた日系企業の輪ができている。「松下電器は仲間をつくるのがうまい」との評判はインドでも十分に発揮されていた。松下電器の場合、進出に際してはその国の投資政策に準じ、その産業政策に貢献することを第一義としている。ややもすると、「そこまで現地化するのか」と言われるくらい、日本色を薄めるのが松下流のようだ。〈ゴーイング・マイウェイ（我が道を行く）〉のソニーとはここが違っていた。

インドでまったく対照的な投資スタイルを取った両社であるが、最近は松下電器も合弁という形よりも100％出資での経営を志向するようになりつつある。これはインド的な特徴というよりは、松下本社の基本ポリシーが100％もしくはマジョリティーの掌握へと変化しているためだ。

## マレーシアの松下とソニー

87年にソニーはマレーシアに2社の製造拠点を設立している。一つはソニー・エレクトロニクス・マレーシア（87年10月）で、もう一つはソニー・テレビ・ビデオ・マレーシア（87年10月）だ。ともにソニー100％出資だ。84年にソニーの子会社だった東洋通信工業が東洋オーディオ（マレーシア）を設立してオーディオ機器を生産していたが、ソニー本社の出資による最初のマレーシア拠点は前記の2社が初めてだ。

ソニーはもともと市場に近いところに工場をつくることを基本戦略としてきた。米国サンディエゴ工場（72年）、英国ブリジェンド工場（74年）はその典型だ。しかし、低コストのアジアで現地向けの生産と欧米向け再輸出はしなかった。日本からの完成品輸出もしくは現地企業によるライセンス生産（組立）である。この方針が変化するのが84年だ。日本はハイテク製品開発・生産、米国は国内市場向け商品の生産、欧州は輸入規制を避けるために域内生産、そしてアジアは世界に向けてのローテク・ローエンド商品及びキー・デバイスの生産拠点となった。その先頭を切ったのが東洋オーディオで、ソニーの本格的なアジア進出はここから始まった。つまり、ソニーのアジア進出は大手他社に比べると後発組に位置する。

一方、松下電器のマレーシア進出は65年9月設立のマレーシア松下電器（MELCOM）が第一号だ。TV、扇風機、アイロンなど各種家電製品をマレーシア国内向けに生産した。「マレーシアの家電産業育成に協力して欲しい」とマレーシア政府から頼まれたことが直接のきっかけになっている。

進出当時は松下電器90％出資だったが、「早い時期から株式を公開し、クアラルンプールとシンガポール両市場に上場し、その時点から松下電器の保有株式も50％を割っています。最初は国内販売を主眼としつつ、国内家電産業への協力を果たしていました。その後、国策として輸出振興を志向するようになったマレーシア政府の意思に沿う形で松下電器もその後は輸出基地としての性格を帯びた工場を次々にオープンしました」（88年取材時の秋田忠志マレーシア松下電器社長）。

その結果、マレーシアには現在、合計21社の拠点を有するに至っている。

結局、松下電器はマレーシアを市場と見ていたし、その後は輸出の一大拠点へと変化させている。この最初は72年4月設立のマレーシア松下空調（ウィンドウ型ルームエアコンの製造）である。輸出志向の拠点設立はソニーよりも15年も早い（東洋オーディオは除く）。

言えることは、ソニーは欧米優先であり、アジアへの興味が薄かった。逆に、松下はアジアへの傾斜を早くから見せ、拠点を網の目のように張りめぐらせていった。企業行動の裏には別の意図があるにせよ、結果として「欧米志向のソニー、アジア趣味の松下」という側面が出ていることは面白い。

終　章

# 松下電器、中国大陸新潮流に挑む

パァーン、パァーン、バチッ、バチッ　！　！　！　！

1993年7月13日、晴れ。

この日、中国のとある村で空高く爆竹が鳴り響いた。

続いて、ガァーン、ガァーン、ドーン、ドーンと耳をつんざかんばかりの銅鑼（どら）や太鼓も打ち鳴らされ、獅子舞まで出てきた。

破裂した爆竹の白い煙とともに流された火薬のにおいが風下にむせ返るほどに立ちこめる。直後、5人の男たちが手を合わせた。胸ポケットの位置に赤い花と長リボンをつけている。一瞬、すべての音がやんだ。5人は傍らに横たわっている鍬を握り、神妙な手つきで少し盛り上がった土の中に「エイッ」と突き刺すように入れた。そしてまた、手を合わせる。

5人の前には「奠基」と書いた高さ50センチほどの石塔が2基ある。ここにも赤いリボンと半切れの赤布が横に垂らしてある。

工場の鍬入れ式だ。ここは中国広東省の番禺（Panyu）。広州市から約40分のところにある村である。正式な住所は番禺市鍾村鎮（現在の広州市番禺区鍾村鎮）。

いまから11年前、この鍬入れ式に参列した。この地でエアコンとエアコン用コンプレッサーの工場が建設されることになっていた。敷地の入り口付近には「松下・萬寶合資項目建設基地」という大きな看板が掲げられている。

そう、ここは松下電器と万宝電器集団が合弁を組んでつくった松下・万宝（広州）空調器（現在の広州松下空調器）の工場建設現場なのである。この敷地内に合弁会社が2社立ち並ぶことになっていた。周囲を見渡しても、何にもない。一面、草に覆われ、ところどころに剥き出しの土や砂が見え隠れする空き地が眼前にあるだけだった。

「この会社はきっと広東省の経済建設に多大なる貢献をすることでしょう」

ほんのり顔を紅潮させながら、甲高い声でこう話しかけてきたのは万宝電器集団の何文春董事長兼総経理だった。


あれから8年後の2001年3月28日。再び訪れた。

敷地25万2000平方メートルの中に、中心部をガラス張りの構造にし、両翼5階建ての一棟がある。その建物をそれぞれ直角に挟むようにもう二棟が立っていた。

「いかがですか。あの頃は何もなかったでしょうけど、大工場になったでしょう」

と、松下・万宝（広州）空調器の黒木和比幸総経理（当時）。

この時、エアコン70万台、エアコン用コンプレッサーは300万台という生産規模になっていた。鍬入れ式の時の何董事長の言った通りになった。

「我々の予測を遥かに超える市場です。こんな勢いでエアコン需要が伸びていくとは……。まぁ、それが中国市場の楽しいところなんですよ」

実は、その後、中国人（中国企業）の悪弊であるところの〈つくり過ぎ〉（overproduction）の性癖によって、市場にエアコンが氾濫し、値引き合戦になり、各社利益を落としたのはよく知られている。松下電器もその波に一時呑み込まれ、中国市場の難しさを実感している。

もっとも、中国人（中国企業）のつくり過ぎの性癖は何もエアコンだけではない。かつてはバイク（2輪車）やカラーTVでも需要を遥かに上回る過剰生産を引き起こし、市場を混乱させた経験がある。余った分はASEANや中南米に値引き輸出で押し込み（ねじ込み）、輸出相手先からひんしゅくを買ったことがある。

松下のエアコンと言えば、これまではマレーシア松下空調（MAICO、72年4月設立）のエアコン工場を思い浮かべることが多かった。「マレーシアと言えばエアコン、エアコンと言えばマレーシア」とまで他を圧倒する事業規模と歴史を持っていたからだ。そのマレーシアと並び称されるほど、中国・番禺のエアコン工場も大きくなった。そして、いまや松下電器のアジア二大エアコン生産拠点にまで成長している。

あの鍬入れ式の広漠とした空き地のことを考えると、隔世の感がある。

「マレーシアのアキレス腱は労働者不足です」

こう言ったのは、2000年当時のマレーシア松下電器（MELCOM）社長兼マレーシア松下電器グループ責任者であった柳川政一。マレーシアが高付加価値生産へ転換することによって台頭する中国との競争あるいは棲み分けが可能として、グループ企業の再構築に取り組んでいるところだった。松下電器にとって東南アジア最大拠点のマレーシアも、また新しい時代に入ろうとしている。

20年前、インドネシアの合弁（ナショナル・ゴーベル社）パートナーであるモハマッド・ゴーベルの言った言葉が忘れられない。

「私が松下電器をパートナーに選んだ最大の理由は、インドネシア社会への貢献、インドネシア産業への貢献、そして松下の適正利潤、この三位一体の経営を意思表示してくれたからです」

社会と産業への貢献は、いわば企業倫理として努力目標の側面があるわけで、多少なりともこの姿勢を見せている限り、どこから見ても文句のつけどころがない。ミソは、松下電器の適正利潤だ。企業である以上、利益追求は当然のことながらにして、実はあからさまに言いにくい。松下電器はこれを真っ正直に出した。それをゴーベルは積極的に評価したのである。

ゴーベルは日本にやって来た時は必ず幸之助翁に面会し、経営哲学の教示を熱心に受けている。終生、インドネシアNo.1の「幸之助」ファンであることを自慢していたことはつとに有名だ。

「台湾の松下幸之助」と言われる台湾最大の企業集団を率いる王永慶（台湾プラスチックグループ董事長）が「私は〈台湾の松下幸之助〉と言われているようですが、それは光栄なこと。少しでも近づければと思っています」と言うのを直接聞いたが（91年2月、米国ニュージャージー州の自宅で）、話し方に抑揚はなかった。むしろ、「私は王永慶だ」と言っているように思えて仕方なかった。ゴーベルも実は、真の底では、「私はゴーベルだ」とかすかな息づかいがあったことを、王永慶の言葉を聞いた後、気づいた。

松下電器は地元のパートナーと組むことが多かった。それは、一つには進出した相手国の外資政策が合弁を求めており、そうすることを余儀なくさせられたこともあった。さらには、地元の役所対策、販路、その他諸々の面を考えれば、パートナーから得るメリットもその理由にあった。ところが、「そういう時代もあったね」と振り返るほどに、時代環境が変化している。いまは経営にスピードが求められる時代。パートナーの了解を得るため終日（ひもすがら）会議ばかりやっていると、置いてけぼりを喰らう。フットワークを良くしようと思えば、100％出資による単独形態の経営にした方がいい。皮肉にも、これはライバルのソニーが海外事業において展開してきた基本戦略と同じになる。むしろ松下を松下らしく表現するとすれば、やはり「商品戦略」と「ヒト、モノ、カネ」の現地化しかない。

北京国際空港に降り立ち、空港から市内に向かう高速道路に入ると、すぐさまに「Panasonic」の大看板が目の前に飛び込んでくる。高速道路のセンターライン部の一番インパクトのある場所に高々と立っている。北京国際空港に降り立つ年間2400万人の人々の目には必ずやこの大看板が焼き付くことになる。

松下電器では2003年度から「Panasonic」をグローバルブランドとして、海外全域で展開することになった。日本国内には当分「ナショナル」ブランドを残すものの、海外においては「ナショナル」ブランドは消えることになる。

これまで東南アジア、中国、中近東、アフリカなどでは白物家電に「ナショナル」ブランド、AV機器には「Panasonic」が使用されていた。

（家電AVC商品には、カラーTV、VCR、DVD、PDP、オーディオ機器などで、家電白物はエアコン、冷蔵庫、洗濯機、炊飯器、電子レンジ、ガス機器、アイロンなどがある）

「ナショナル」と「Panasonic」の両ブランドが入り混じっていたために、商品イメージが分散しがちだったが、今後は「Panasonic」に統一されることで、宣伝も効果的にできる。

松下電器のブランドは現在、4つある。「National」、「Panasonic」、「Technics」、「Quasar」だ。「National（ナショナル）」は1925年に松下幸之助氏が「国民のための」という意味を込めてつくった。日本国内では電化製品、住宅関連機器に、海外では前述のようにアジア・中近東・アフリカでの電化製品と空調機器などに使用していた。

「Panasonic（パナソニック）」は1955年に北米向け輸出用スピーカーに愛称として使用された。米国では既に「National」の商標が存在していたので、急遽、「Pan」＝「全、総、汎」と「sonic」＝「音、音速」の意味を組み合わせて「Panasonic」となったものだ。

現在、国内のAV機器、情報通信、FA機器などに、米州・欧州・大洋州では全商品に使用されている。また、アジア・中近東・アフリカでのAV機器や情報通信機器にも使用されている。

「Technics（テクニクス）」は1965年に国内向けスピーカーに使用され、73年には輸出用にも付けられるようになった。現在、ハイファイ商品、電子楽器の高級機種に使用されている。

「Quasar（クェーザー）」は1974年に米モトローラ社のTV事業を買収し、そのままブランドも引き継いだ。現在も北米でのカラーTV、電子レンジなどに使用されている。「Quasar」とは「星雲」の一つであり、込められた意味は「Quasarに届くような成長を願う」というものだった。

（以上、ブランドの意味は松下電器社史室の圓越淨参事に説明を受けたもの）

北米や欧州では「Matsushita」よりも「Panasonic」の方が通りがよい。一方、漢字文化の中国では「松下」の方が「Panasonic」や「National」よりも認知度が高い。今後は、同社としては「Panasonic」のイメージ強化のために宣伝投資をしていく方針のようだ。

日本での「ナショナル」ブランドはあと少しで80年になる。さすがに日本の消費者への絶対的な浸透度から見ても、いま日本で無理に「パナソニック」に統一すれば、混乱が起きかねない。しばらく日本においてはブランドの共存が続くだろうが、いずれは「ナショナル」ブランドを中止し、「Panasonic」への統一が進む。

２００３年12月、松下電工は海外での「NAiS」と「Panasonic」に再編することを決定したが、２００４年4月にはその「NAiS」さえも廃止することが検討されている。従来、「ナショナル」で海外販売してきた照明器具や配線（コンセント）器具など消費者向け住宅関連製品は「Panasonic」にする。ドライヤーや電動ひげ剃りなどの小物家電は米国では既に「Panasonic」だが、アジアでは「ナショナル」だったために、これも「Panasonic」に統一する。こうした海外ブランドの再編は当然のことながら松下電器の意向を受けたものだ。

中国の13億人、ＡＳＥＡＮ10か国の5億人、そして日韓台2億人、これだけでも20億人がいる。さらには、21世紀の新しい主役インドの10億人を加えれば、30億人にも膨れ上がり、世界人口の約半分近くがこの中国・ＡＳＥＡＮ・日韓台・インドで占められる。この地域がお互いに投資や貿易面で協力し合えば、まさにスーパーなマーケットが出現する。もちろん、発展地域と農村部では所得格差にも格段の差があり、すべてが市場対象になるわけではないが、それでもこの超・巨大人口は魅力だ。

松下電器のアジア事業はこの超・巨大人口を相手にするわけだが、当の松下電器のアジア拠点は再編の繰り返しになると思われる。今回の14ドメインによる再編は一つの波であるが、新製品や新技術ができればそれに即した拠点や組織が必要になる。そして、時代の趨勢とともに次なる再編や統合が行われる。まさに細胞の分裂と融合が繰り返されるように。

これまで松下電器は欧米の巨大電機メーカーに戦いを挑んできた歴史だった。そのために、アジアの資本家たちを味方に引き入れ、パートナーにしてきた。ところが、これからは中国など新興のアジアの電機メーカーの挑戦を受けることになる。いや、既にその渦中にあり、競争に巻き込まれている。かつてのアジアのパートナーは松下電器にとっていわば「弟分」であった。ところが、最近は同じ土俵で向き合う対戦相手だ。しかも、百家争鳴状態である。こうしたアジアの時代の中を松下電器はどのように生き残っていくのか、まだ先は見えない。

強いて言うならば、包括的な提携を結んだ中国ＴＣＬとの協力関係が今後の松下電器のアジア事業の方向性を指し示しているのではなかろうか。

## おわりに

この数年間、恐ろしいほどに日本企業の中国シフトが起こった。最初は輸出志向型の投資であったが、そのうち中国が「市場」になると見るや、くるっと軸足を内販向けに変えているのが目立つ。

中国の人口は現在約13億人だが、これが丸ごと商売の対象となるわけではない。比較的所得の高い沿海部（北から遼寧・河北・山東・江蘇・浙江・福建・広東の各省、それに北京・天津・上海の3直轄市）の10省・市に絞れば5億人近くがいる。ＡＳＥＡＮ10カ国が約5億人だから、ほぼ同じ人口規模だ。このエリアがまずターゲットとなる。

松下電器のアジア進出は戦前から始まり、敗戦でいったん撤退したものの、戦後再びアジア各国に拠点網を築いていった。昨年10月時点で見ると、中国・香港・台湾・韓国の「中国・北東アジア」地域に68社、ＡＳＥＡＮを中心に西はインド、東は豪州・ニュージーランドまでの「アジア大洋州」地域に74社、この2地域を合わせると１４２社ある。中でも、中国だけで53社（うち製造会社は43社）、しかも前記のエリアに集中している。

実は、本著の企画も「これほどの規模でアジアに進出している日本企業は他に類を見ない。こんな大風呂敷状態でアジア進出を展開していった会社はなかなか面白い。21世紀はアジアの時代と言われるこの流れの中で、今後松下はどういう展開を見せてくれるのだろう」という問題提起をしたのが発端だった。

数ある拠点の中から中国とシンガポールをチョイスし、ルポとしても掲載した。コストの高いシンガポールで展開されている高付加価値生産現場の取材で「これからの日本のモノづくりのヒントがここにある」と実感でき、収穫も多かった。

そして、やはり注目すべきは昇龍・中国である。大国となりつつある中国は、政治も経済も、さらには市場としても世界有数のポジションを占めるようになった。この壮大なる中国の新潮流に松下は真正面からチャレンジした。中国に呑み込まれるのか、跳ね返されるのか、あるいは中国で見事に勝ち組に入るのか。いま、松下はまさにその分岐点にさしかかっている。モノづくりを半ば諦めかけていた日本の生き残る道が、既に松下電器のシンガポール工場で着々と実証されていたのである。

海外取材にあたり、連絡等で奔走していただいた松下電器コーポレートコミュニケーション本部・広報グループの間島輝利氏にはひとかたならぬお世話をいただいた。この場を借りて御礼申し上げたい。

2004年5月

白水《しろうず》 和憲《かずのり》

**白水 和憲**（しろうず・かずのり）

アジア経済ジャーナリスト。1953年5月福岡県生まれ。大阪外国語大学インド・パキスタン（ウルドゥ）語科卒業。にっかつ（現日活）、英文経済誌『Economic World』（ニューヨーク）、英文総合誌『The East』（東京）などの Staff Writer を経て、以降10年間アジア各国の特集雑誌の取材に従事。96年に株式会社アジア21を設立（代表取締役）、季刊誌『Asia 21』を発行、現在に至る。各種メディアに寄稿する傍ら、『巨大合併 アメリカに勝つ経営』、『あのロシアスパイ武官はこう接触してきた』（いずれも小学館）などの著作活動や企業向け講演活動も行う。

E-mail : asia21@msj.biglobe.ne.jp

# 松下電器、中国大陸新潮流に挑む

発行日　二〇〇四年六月三〇日　二版第一刷

著者　白水和憲

発行人　仙道弘生

発行所　株式会社 水曜社

〒160-0022 東京都新宿区新宿一－一四－一二

電話　〇三－三三五一－八七六八

ファックス　〇三－五三六二－七二七九

www.bookdom.net/suiyosha/

印刷　株式会社シナノ

制作　青丹社

装幀　西口雄太郎

定価はカバーに表示してあります。

乱丁・落丁本はお取り替えいたします。



ISBN4-88065-117-6 C0034

【取材先】

松下電器（本社、中国・北東アジア本部、アジア大洋州本部、社史室、広報グループ）／北京・松下彩色顕像管有限公司／松下電器研究開発（中国）有限公司／松下電器（中国）有限公司／中国華録・松下電子信息有限公司／アジア松下電器／パナソニックＡＶＣネットワークス・シンガポール／シンガポール松下半導体／パナソニック・シンガポール研究所／駐日中国大使館／日中経済貿易センター

【参考文献】

『ケースブック　国際経営』（有斐閣ブックス、吉原英樹・板垣博・諸上茂登編、２００３年４月）／『日本企業の新アジア経営戦略』（中央経済社、中垣昇・古田秋太郎・吉田康英著、２００１年２月）／『現場イズムの海外経営』（白桃書房、安室憲一・関西生産性本部編、１９９７年７月）／『東アジア　国際分業と中国』（ジェトロ、木村福成・丸屋豊二郎・石川幸一編著、２００２年８月）／『松下　復活への賭け』（日本経済新聞社、２００２年６月）／『松下電器　変革への挑戦』（宝島社、大河原克行著、２００３年６月）／『ソニーと松下』（講談社、立石泰則、２００１年４月）／日本経済新聞／朝日新聞／『特選街』（マキノ出版・特選街出版、２００４年１月号）／松下電器本社提供の各種資料／取材先のアジアの松下電器の各現地法人所有の資料／過去（86年から）の取材済みの松下電器アジア現地法人情報もベースにした。

## [中国①] 2003年10月1日現在

### 【製造合弁】

| 会社名 | 事業内容 | 出資形態（比率） | 資本金 | 人員 | 董事長<br>総経理 | 設立日 |
|---|---|---|---|---|---|---|
| BMCC<br>北京・松下彩色顕像管有限公司<br>Beijing-Matsushita Color CRT Co.,Ltd. | カラーTVブラウン管の製造 | 合弁<br>（50） | 284.1億円 | 5,073 | 何　民　生<br>横枕　光則 | 1987年9月8日 |
| BMLC<br>北京松下照明光源有限公司<br>Beijing Matsushita Lighting Co.,Ltd. | 照明用蛍光管の製造・販売 | 合弁<br>（50） | 11.4億円 | 364 | 何　民　生<br>魚屋　　洋 | 2001年5月11日 |
| HMH<br>杭州松下家用電器有限公司<br>Hangzhou Matsushita Home Appliance Co.,Ltd. | 全自動及び二槽式洗濯機、衣類乾燥機及びその部品の製造・販売 | 合弁<br>（51） | 30億円 | 1,544 | 秦　吉　強<br>〃 | 1992年4月1日 |
| PMCB<br>北京松下普天通信設備有限公司<br>Panasonic Putian Mobile Communications Beijing Co.,Ltd. | 携帯電話の製造・販売 | 合弁<br>（51） | US$ 2,493.5万 | 768 | 張　延　愛<br>久保田 和夫 | 1992年5月30日 |
| MWIC<br>松下・万宝（広州）電熨斗有限公司<br>Matsushita-Wanbao (Guangzhou) Electric Iron Co.,Ltd. | アイロンの製造・販売 | 合弁<br>（60） | 13億円 | 550 | 周　千　定<br>山住　修司 | 1992年12月8日 |
| GMAC<br>広州松下空調器有限公司<br>Guangzhou Matsushita Air-Conditioner Co.,Ltd. | エアコンの製造・販売 | 合弁<br>（67.89） | 52.4億円 | 3,108 | 魏　長　明<br>幡野　徳之 | 1993年6月7日 |
| MWCC<br>松下・万宝（広州）圧縮機有限公司<br>Matsushita-Wanbao (Guangzhou) Compressor Co.,Ltd. | エアコン用コンプレッサーの製造・販売 | 合弁<br>（68.87） | 133.7億円 | 2,586 | 魏　長　明<br>油屋　清治 | 1993年6月10日 |
| BMCOM<br>北京・松下電子部品有限公司<br>Beijing-Matsushita Electronic Components Co.,Ltd. | チューナ、VCO、RFC、スピーカの製造・販売 | 合弁<br>（50） | 24億円 | 1,461 | 韓　燕　生<br>見次　至生 | 1993年9月18日 |
| SIMB<br>上海松下電池有限公司<br>Shanghai Matsushita Battery Co.,Ltd. | 電池の製造・販売 | 合弁<br>（90） | 18.27億円 | 358 | 顧　培　華<br>久保　　崇 | 1993年10月28日 |
| CHMAVC<br>中国華録・松下電子信息有限公司<br>China Hualu Matsushita AVC Co.,Ltd. | ビデオビデオCD、DVD完成品及び基幹部品、ビデオプロジェクターの製造・販売 | 合弁<br>（50） | 240億円 | 3,933 | 王　松　山<br>江坂　雄南 | 1994年6月10日 |

## [中国②] 2003年10月1日現在

### 【製造合弁】

| 会社名 | 事業内容 | 出資形態（比率） | 資本金 | 人員 | 董事長<br>総経理 | 設立日 |
|---|---|---|---|---|---|---|
| QMCOM<br>青島松下電子部品有限公司<br>Electronic Components Co.,Ltd. | ライトタッチスイッチ、ディテクタスイッチの製造・販売 | 合弁（60） | 8億円 | 88 | 劉国勝<br>佐藤義行 | 1993年12月30日 |
| TSMI<br>唐山松下産業機器有限公司<br>Tangshan Matsushita Industrial Equipment Co.,Ltd. | 溶接機の製造・販売 | 合弁（60） | 8億円 | 403 | 黄永欽<br>佐々木和正 | 1994年8月11日 |
| SIMMC<br>上海松下微波炉有限公司<br>Shanghai Matsushita Microwave Oven Co.,Ltd. | 電子レンジの製造・販売 | 合弁（60） | 16億円 | 900 | 王海涛<br>森下猛 | 1994年8月22日 |
| SIMEIC<br>上海松下電子応用機器有限公司<br>Shanghai Matsushita Electronic Instrument Co.,Ltd. | 電子レンジ用マグネトロンの製造・販売 | 合弁（60） | 10.5億円 | 474 | 黎継皋<br>松本良一 | 1994年8月22日 |
| SLMB<br>瀋陽松下蓄電池有限公司<br>Shenyang Matsushita Storage Battery Co.,Ltd. | 蓄電池の製造・販売 | 合弁（95） | 14.5億円 | 1,497 | 張克<br>廣瀬浩三 | 1994年10月18日 |
| HMM<br>杭州松下馬達有限公司<br>Hangzhou Matsushita Motor Co.,Ltd. | 家電、エアコン、小型モーターの製造・販売 | 合弁（70） | 16億円 | 1,050 | 戴震華<br>山村忠雄 | 1994年11月16日 |
| SIMS<br>上海松下半導体有限公司<br>Shanghai Matsushita Semiconductor Co.,Ltd. | 半導体、集積回路の製造・販売 | 合弁（84） | 24.75億円 | 294 | 徐鵬<br>尾中俊三 | 1994年11月18日 |
| PASDL<br>大連松下汽車電子系統有限公司<br>Panasonic Automotive Systems Dalian Co.,Ltd. | カーオーディオの製造・販売 | 合弁（60） | 11.6億円 | 467 | 劉國臣<br>相澤博 | 1995年6月22日 |
| BMPC<br>北京松下精密電容有限公司<br>Beijing Matsusita Precision Capacitor Co.,Ltd. | フィルムコンデンサの製造・販売 | 合弁（75.6） | 16億円 | 836 | 韓燕生<br>横田学 | 1995年6月23日 |
| WMRC<br>無錫松下冷機有限公司<br>Wuxi Matsushita Refrigeration Co.,Ltd. | 家庭用冷凍冷蔵庫及び関連部品の製造・販売 | 合弁（80） | 48億円 | 550 | 朱徳坤<br>尾崎仁 | 1995年7月4日 |

[中国③] 2003年10月1日現在

【製造合弁】

| 会社名 | 事業内容 | 出資形態（比率） | 資本金 | 人員 | 董事長<br>総経理 | 設立日 |
|---|---|---|---|---|---|---|
| XHMI<br>新会松下産業機器有限公司<br>Xinhui Matsushita Industrial Equipment Co.,Ltd. | コンデンサの製造・販売 | 合弁（80） | 6億円 | 241 | 黄　永　欽<br>橋野　憲人 | 1995年7月10日 |
| ANMATSU<br>安陽松下炭素有限公司<br>Anyang Matsushita Carbon Co.,Ltd. | 乾電池用炭素棒及び加工材料の製造・販売 | 合弁（70） | 700万US$ | 614 | 王　心　敬<br>住原　秀幸 | 1995年9月25日 |
| TMCOM<br>天津松下電子部品有限公司<br>Tianjin Matsushita Electronic Components Co.,Ltd. | 固定抵抗器及び電解コンデンサセラミックコンデンサ及びインダクタの製造・販売 | 合弁（93.5） | 80億円 | 2,001 | 聞　天　基<br>角野　進 | 1995年11月20日 |
| SMT<br>山東松下映像産業有限公司<br>Television And Visual Co.,Ltd. | カラーテレビ、各種映像設備の製造・販売 | 合弁（80） | 2,500万US$ | 982 | 坂本　俊弘<br>常井　雅文 | 1995年11月22日 |
| PSSZ<br>蘇州松下系統科技有限公司<br>Panasonic System Solutions Suzhou Co.,Ltd. | LLシステム、監視カメラ、RAMSAスピーカECMの製造・販売 | 合弁（90） | 12億円 | 371 | 王　尚　勇<br>藤井　登 | 1995年11月24日 |
| WMCC<br>無錫松下冷機圧縮機有限公司<br>Wuxi Matsushita Refrigeration Compressor Co.,Ltd. | 冷蔵庫用コンプレッサーの製造・販売 | 合弁（80） | 29.8億円 | 990 | 朱　徳　坤<br>荒木　時則 | 1995年12月18日 |
| QMCOM-FT<br>青島松下電子部品（保税区）有限公司<br>Qingdao Matsusita Electronic Components (Free Trade Zone) Co.,Ltd. | 各種スイッチ（ライトタッチ、タクティール等）の製造・販売 | 合弁（60） | 27億円 | 741 | 劉　国　勝<br>佐藤　義行 | 1997年12月29日 |
| HMK<br>杭州松下厨房電器有限公司<br>Hangzhou Matsusita Kitchen Appliances Co.,Ltd. | 電気炊飯器、精米機及びその部品の製造・販売 | 合弁（70） | 7.46億円 | 122 | 胡　家　源<br>坂本　正明 | 1998年3月6日 |
| SMPD<br>上海松下等離子顕示器有限公司<br>Shanghai Matsushita Plasma Display Co.,Ltd. | PDP完成品及びそのモジュール等の製造・販売 | 合弁（51） | 7,000万US$ | 157 | 顧　培　柱<br>本土　彰 | 2001年1月20日 |
| UCTH<br>宇通科技（杭州）有限公司<br>Universal Communication Tecnology (Hangzhou) Co.,Ltd. | 3G－RAN（BTS＋RNC）の生産、販売 | 合弁（51） | 1,000万US$ | 166 | 下湯利美<br>楊守全 | 2002年9月17日 |

## [中国④] 2003年10月1日現在

【製造合弁】

| 会社名 | 事業内容 | 出資形態（比率） | 資本金 | 人員 | 董事長<br>総経理 | 設立日 |
|---|---|---|---|---|---|---|
| HMM（HA）<br>杭州松下馬達（家電）有限公司<br>Hangzhou Matsushita Motor（HA）Co.,Ltd. | 輸出用空調、家電用モータの製造・販売 | 合弁（70） | 16億円 | | 戴　震　華<br>山村　忠雄 | 2003年8月29日 |

## [中国・香港①] 2003年9月現在

【製造独資】

| 会社名 | 事業内容 | 出資形態（比率） | 資本金 | 人員 | 董事長<br>総経理 | 設立日 |
|---|---|---|---|---|---|---|
| ZEM<br>珠海松下馬達有限公司<br>Zhuhai Matsushita Electric Motor Co.,Ltd. | AV・OA機器用モータの製造・販売 | 独資（100） | 2,535万US$ | 3,814 | 古屋　美幸<br>末廣　継光 | 1993年5月28日 |
| MAX<br>厦門松下電子信息有限公司<br>Panasonic AVC Networks Xiamen Co.,Ltd. | ヘッドホンステレオ、ミニコンポ、ラジオ、クロックラジオの製造・販売 | 独資（100） | 1,450万US$ | 1,022 | 野口　直人<br>勝　康彦 | 1993年9月20日 |
| ZMB<br>珠海松下電池有限公司<br>Zhuhai Matsusita Battery Co.,Ltd. | アルカリ蓄電池の製造・販売 | 独資（100） | 2,115千US$ | 305 | 石倉　諭<br>井門　美彦 | 1995年12月5日 |
| PCZ<br>珠海松下通信系統設備有限公司<br>Panasonic Communications Zhuhai Co.,Ltd. | コードレス電話、FAXの製造・販売 | 独資（100） | 3,500万US$ | — | 金子　成彦<br>山下　敏幸 | 2001年4月19日 |
| WMB<br>無錫松下電池有限公司<br>Wuxi Matsushita Battery Co.,Ltd. | 小型二次電池の製造、販売 | 独資（100） | 30億円 | — | 森脇　勉<br>丸山　弘美 | 2001年7月20日 |
| HMHA-EP<br>杭州松下住宅電器設備（出口加工区）有限公司<br>Hangzhou Matsushita Home Appliances & system（Export Processing Zone）Co.,Ltd. | 掃除機等家電及び住宅設備の製造・販売 | 独資（100） | 5億円 | — | 高松　伸司<br>呉　亮 | 2001年12月10日 |
| SMSC<br>蘇州松下半導体有限公司<br>Suzhou Matsushita Semiconductor Co.,Ltd. | 半導体の製造・販売 | 独資（100） | 25億円 | — | 古池　進<br>田邊　英利 | 2001年12月29日 |

## [中国・香港②] 2003年9月現在

### 【製造独資】

| 会社名 | 事業内容 | 出資形態（比率） | 資本金 | 人員 | 董事長<br>総経理 | 設立日 |
|---|---|---|---|---|---|---|
| BMSC<br>北京松下精工有限公司<br>Beijing Matsushita Seiko Co.,Ltd. | ファンコイルユニットエアカーテン等の製造・販売 | 独資（100） | 14,120千US$ | 250 | 住田 成生<br>三村雄次郎 | 1995年12月14日 |
| HMHA<br>杭州松下住宅電器設備有限公司<br>Hangzhou Matsushita Home Appliances & System Co.,Ltd. | ガステーブル、ガス湯沸器、ドロップインの製造・販売 | 独資（100） | 16.16億円 | 349 | 高松 伸司<br>坂本 正明 | 1995年12月7日 |
| GDMESC<br>広東松下環境系統有限公司<br>Guandong Matsushita Ecology Systems Co.,Ltd. | 換気扇、レンジフード、扇風機、空気清浄機等の製造・販売 | 独資（100） | 91.8百万HK$ | 1,310 | 住田 成生<br>喜多 忠文 | 1993年9月13日 |
| PFSS<br>蘇州松下生産科技有限公司<br>Panasonic Factry Solutions Suzhou Co.,Ltd. | 普及型実装機及びその周辺機器の製造・販売 | 独資（100） | 3億円 | 23 | 神崎 勝利<br>鈴木 清貴 | 2003年10月10日予定 |
| HIMCO<br>松下精工香港国際製造有限公司<br>Matsushita Seiko Hong Kong International Manufacturing Co.,Ltd. | 換気扇、扇風機、空気清浄機等の製造・販売 | 独資（100） | 15百万HK$ | 81 | 平田 為茂<br>住田 成生 | 1982年7月1日 |
| HKCOM<br>香港松下電子部品有限公司<br>Matsushita Electronic Components (H.K.) Co.,Ltd. | 電子部品及び応用機器の製造・販売 | 独資（100） | 25百万HK$ | 227 | 東 和登<br>浅尾 正己 | 1995年7月1日 |

## [中国・香港③] 2003年9月現在

【販売合弁】

| 会社名 | 事業内容 | 出資形態(比率) | 資本金 | 人員 | 董事長<br>総経理 | 設立日 |
|---|---|---|---|---|---|---|
| MC<br>松下電器(中国)有限公司<br>Matsushita Electric (China) Co.,Ltd. | 中国・北東アジア地域統括会社 | 独資(100) | 30百万US$ | 769 | 伊勢 富一<br>浅田 隆司 | 1994年8月25日 |
| PSI(SZ)<br>松下電器機電(深圳)有限公司<br>Panasonic SH Industrial Sales (Shenzhen) Co.,Ltd. | インダストリー関連商品(生産材・FA機器)の販売及びサービス | 合弁(66.7) | 7.5百万HK$ | 97 | 佐野 尚見<br>土肥 哲郎 | 1994年9月1日 |
| PI(SH)<br>松下電器機電(上海)有限公司<br>Panasonic Industrial (Shanghai) Co.,Ltd. | インダストリー関連商品(生産材・FA機器)の販売及びサービス | 合弁(50) | 95万US$ | 117 | 張 仲 文<br>林 治彦 | 1996年4月23日 |
| PI(TJ)<br>松下電器機電(天津)有限公司<br>Panasonic Industrial (Tianjin) Co.,Ltd. | インダストリー関連商品(生産材・FA機器)の販売及びサービス | 合弁(50) | 500万US$ | 59 | 張 仲 文<br>高野 公司 | 1998年12月1日 |
| PSI(HK)<br>松下信興機電(香港)有限公司<br>Panasonic Shun Hing Industrial Sales (HongKong) Co.,Ltd. | インダストリー関連商品(生産材・FA機器)の販売及びサービス | 合弁(66.7) | 7.5百万HK$ | 120 | Lam Wai Kwum<br>土肥 哲郎 | 1994年9月1日 |

## [中国・香港④] 2003年9月現在

【物流独資】

| 会社名 | 事業内容 | 出資形態(比率) | 資本金 | 人員 | 董事長<br>総経理 | 設立日 |
|---|---|---|---|---|---|---|
| MEIL<br>松下電器国際物流(香港)有限公司<br>Matsushita Electric International Logistics (HongKong) Co.,Ltd. | 中国・香港地域における輸出、物流業務及び決済 | 独資(100) | 2.4百万HK$ | 99 | —<br>畠山 隆文 | 1982年9月24日 |
| —<br>松下電器物流(上海)有限公司<br>Panasonic Logistics (Shanghai) Co.,Ltd. | 輸送業務、倉庫業務、輸出入インランド物流、物流データ分析、コンサルタント業務 | | | | | 2003年8月22日 |

## ［中国・香港⑤］ 2003年9月現在

【R&D】

| 会社名 | 事業内容 | 出資形態（比率） | 資本金 | 人員 | 董事長<br>総経理 | 設立日 |
| --- | --- | --- | --- | --- | --- | --- |
| CMRD<br>松下電器研究開発（中国）有限公司<br>Matsushita Research & Development (China) Co.,Ltd. | エア技術の研究開発及び実験、電気・電子・情報通信・ソフトウエア製品及びこれを構成する部品・材料の研究・開発・設計 | 独資（100） | 6百万US$ | 55 | 古池　進<br>岩崎　守男 | 2001年1月15日 |
| SMRD<br>松下電器研究開発（蘇州）有限公司<br>Matsushita Research & Development (Suzhou) Co.,Ltd. | 松下G各事業場の商品設計・研究開発の受託業務 | 独資（100） | 6百万US$ | — | 古池　進<br>岩崎　守男 | 2002年4月3日 |
| COSMOBIC<br>上海宇夢通信科技有限公司<br>Cosmobic Technology Co.,Ltd. | 移動体通信端末技術商品の研究開発 | 合弁（94）<br>内訳<br>（松下47：NEC47） | 8百万US$ | 21 | 中村勉（NEC）<br>大西博（松下） | 2002年4月27日 |

## ［中国・香港⑥］ 2003年9月現在

【販売合弁】

| 会社名 | 事業内容 | 出資形態（比率） | 資本金 | 人員 | 董事長<br>総経理 | 設立日 |
| --- | --- | --- | --- | --- | --- | --- |
| PASDT<br>天津松下汽車電子開発有限公司<br>Panasonic Automotive Systems Development Tianjin Co.,Ltd. | カーAV商品の一貫開発設計、カーマルチメディアグローバル開発力の支援 | 独資（100） | 5百万US$ | | 今津　敏行<br>渋谷　一夫 | 2003年2月26日 |
| MITSH<br>松下国際商事（上海）有限公司<br>Matsushita International Trading (Shanghai) Co.,Ltd. | 輸出入業務 | 独資（100） | 20万US$ | 8 | 松山　丈夫<br>中山　重美 | 2003年4月21日 |
| MTTHK<br>松下科貿香港有限公司<br>Matsushita Techno Trading (HongKong) Co.,Ltd. | 輸出入業務 | 独資（100） | 60万HK$ | 3 | 川崎　勝久 | 2002年10月1日 |

## [台湾] 2003年9月現在

【製造合弁】

| 会社名 | 事業内容 | 出資形態（比率） | 資本金 | 人員 | 董事長<br>総経理 | 設立日 |
|---|---|---|---|---|---|---|
| TAMACO<br>台湾松下電器（株） | TV、VTR、オーディオ、エアコン、冷蔵庫等各種家電製品及び電子部材の製造 | 合資<br>（69.9） | 3,422百万元 | 2,334 | 洪　敏　弘<br>藤井　康照 | 1962年10月2日 |
| （NPST）<br>ナショナル・<br>パナソニック台湾（株） | 家電、設備、システム関連商品及び輸入商品の販売 | TAMACO<br>100％出資 | 700百万元 | 280 | 藤井　康照<br>陳　世　昌 | 2000年4月1日 |
| （PSST）<br>パナソニック<br>システム台湾（株） | システム商品の輸入、販売 | TAMACO<br>100％出資 | 300百万元 | 139 | 藤井　康照<br>野村　栄治 | 1995年12月1日 |
| （TMTS）<br>パナソニック<br>サービス台湾（株） | 電器製品の修理、メンテナンス取り付け、サービスパーツの販売 | TAMACO<br>100％出資 | 75百万元 | 332 | 藤井　康照<br>楊　聡　明 | 1992年4月1日 |
| JEX<br>厦門建松電器（有） | 電子部品、モータ、カーオーディオ等の製造 | TAMACO：90％<br>MC：10％ | 36百万US$ | 1,488 | 洪　敏　弘<br>許　志　宏 | 1995年12月14日 |
| TAIMATSU<br>台松工業（株） | 乾電池用炭素棒、ガウジングカーボン及びガウジングアースの製造 | 松下電器：松下電池<br>（25:35） | 321百万元 | 620 | 王　錫　麒<br>白川　五郎 | 1966年1月1日 |
| PAVCTW<br>台湾松下<br>コンピュータ（株） | パーソナルコンピュータの製造 | 合資<br>（80） | 91百万元 | 93 | 山田　喜彦<br>藤田　尚佳 | 1990年12月14日 |
| PIST<br>ナショナル・<br>パナソニック台湾（株） | 特機商品、部品、その他商品の販売 | 独資<br>（100） | 300百万元 | 222 | 佐野　尚見<br>謝　振　宗 | 1976年5月3日 |
| PTL<br>パナソニック台湾<br>研究所（株） | 自然言語処理及びコンピューティング技術の研究開発 | 独資<br>（100） | 15百万元 | 47 | 古池　　進<br>安藤　敦史 | 1981年12月14日 |

## [韓国] 2002年4月10日現在

| 会社名 | 事業内容 | 出資形態（比率） | 資本金 | 人員 | 董事長<br>社長 | 設立日 |
|---|---|---|---|---|---|---|
| NPK<br>ナショナル・パナソニック韓国（株） | リビング商品、システム商品の販売 | 独資（100） | 35億ウォン | 18 | —<br>山下　正和 | 2000年11月10日 |
| PIKL<br>パナソニックインダストリー韓国（株） | 電子部品、部材、半導体FA機器及びカーエレクトロニクス商品の販売 | 独資（100） | 50億ウォン | 23 | —<br>松本　節一 | 2000年6月1日 |

## [中国・香港・台湾・韓国] 2003年10月20日現在

【中国事業総括】

| | 地域統括 | 製　造 | 販　売 | R & D | その他 | 計 |
|---|---|---|---|---|---|---|
| 大　陸 | 1 | 43 | 3 | 4 | 2 | 53 |
| 香　港 | 0 | 2 | 1 | 0 | 2 | 5 |
| 台　湾 | 0 | 3 | 3 | 1 | 1 | 8 |
| 韓　国 | 0 | 0 | 2 | 0 | 0 | 2 |
| 合　計 | 1 | 48 | 9 | 5 | 5 | 68 |

JEXは大陸製造に含む
大陸　地域統括：MC

〈注〉上記会社数に含むもの
JEX
PASDT（天津のPAS　R&D）
SIMEIC

上記会社数に含まないもの
TDC（蘇州東洋電波）
DLMSE（大連のPMCのソフト）

10/1付け更新で追加
HMM（HA）　大陸・製造
MITSH　大陸・その他（国際商事）
PLSC　大陸・その他（物流）
MTTHK　香港・その他（国際商事）

尚、上記会社数と財務上の連結対象とは連動していない。

## [シンガポール] 2003年9月1日現在

| 会社名 | 略称 | 所在地 | 設立日 | 代表者 |
|---|---|---|---|---|
| Matsushita Electric Asia Pte.Ltd.<br>アジア松下電器（株） | MA | コンコース | 1989年4月1日 | 社長：河邊 富男 |
| Panasonic Singapore<br>パナソニック シンガポール社 | PSP | キランロード | 1992年10月1日 | 社長：ユージンチャン |
| Panasonic Logistics Asia<br>パナソニック ロジスティクス アジア社 | PLGA | トゥアス | 1995年4月1日 | 社長：石田 道雄 |
| Panasonic Finance (Asia)<br>パナソニック ファイナンス アジア社 | PFI(SG) | コンコース | 1997年4月1日 | 社長：鍋島 徹司 |
| Panasonic Industry Asia Pte.Ltd.<br>パナソニック インダストリー アジア（株） | PIA | コンコース | 2000年9月1日 | 社長：伊達 英治 |
| Panasonic Industry Singapore<br>パナソニック インダストリー シンガポール社 | PICS | コンコース | 2000年9月1日 | 社長：伊達 英治 |
| Panasonic Semiconductor of South Asia<br>南アジアパナソニック半導体社 | PSSA | コンコース | 2000年9月1日 | 社長：赤城 伸一 |
| Matsushita Refrigeration Industries(S) Pte.Ltd.<br>シンガポール松下冷機（株） | MARIS | ベドック | 1972年3月27日 | 会長：東 國廣<br>社長：川合 弘 |
| Panasonic AVC Networks Singapore Pte.Ltd<br>パナソニック AVC ネットワークス シンガポール（株） | PAVCSG | ベドック | 1977年7月20日 | 会長：大坪 文雄<br>社長：香島光太郎 |
| Matsushita Electric Motor (S) Pte.Ltd.<br>シンガポール松下モータ（株） | MEM | ジュロン | 1977年7月20日 | 会長：木瀬 良秋<br>社長：原田 一美 |
| Matsushita Electronic Components(S) Pte.Ltd.<br>シンガポール松下電子部品（株） | SINCOM | ベドック | 1977年7月20日 | 社長：工藤 薫 |
| Matsushita Semiconductor Singapore Pte.Ltd.<br>シンガポール松下半導体（株） | MSCS | アンモンキョウ | 1978年12月1日 | 会長：古池 進<br>社長：斉藤 正 |
| Matsushita Kotobuki Electronics Industries Singapore Pte.Ltd.<br>シンガポール松下寿電子工業（株） | MKS | ジュロン | 1987年5月18日 | 会長：千葉 富<br>社長：崎岡 博人 |
| Matsushita Technology(S) Pte.Ltd.<br>シンガポール松下テクノロジー（株） | MASTEC | トゥアス | 1978年12月21日 | 社長：桑原 正幸 |
| Panasonic Singapore Laboratories Pte.Ltd.<br>パナソニック シンガポール研究所（株） | PSL | タイセン | 1996年4月1日 | 会長：三木 弼一<br>社長：岡 秀幸 |
| Panasonic Trading(S) Pte.Ltd.<br>パナソニック トレーディング シンガポール（株） | PTS | トゥアス | 2002年4月1日 | 社長：土岐 芳久 |
| 合計 | | | | |

| 資本金 | 資本構成 | 従業員 | 事業内容 |
|---|---|---|---|
| 40.0百万S$ | 松下電器　100% | 469名 | アジア地域統括会社 |
| — | — | — | AV商品、電化商品、空調関連商品、情報通信機器、OA機器、放送機器、業務用関連機器、電池関連商品 |
| — | — | — | 物流業務サービス |
| — | — | — | アジア地域における財務助成 |
| 16.0百万S$ | アジア松下電器　100% | 238名 | |
| — | — | — | 電子部品、産業機器、部材等<br>インダストリー関連商品の販売 |
| — | — | — | 半導体の販売及びサービス |
| 26.3百万S$ | 松下電器　100% | 1,847名 | 冷蔵庫用コンプレッサー、鋳物、リレー、モーター |
| 25.0百万S$ | 松下電器　100% | 1,815名 | ミニコンポシステム |
| 50.0百万S$ | 松下電器　100% | 707名 | マイクロモータ、FDD用モータ、CD-ROM用モータ |
| 30.0百万S$ | 松下電器　100% | 6,266名 | 各種電子部品の製造（固定抵抗、スピーカー、トランス、コイル、リモコン、パワーサプライ） |
| 27.5百万S$ | 松下電器　100% | 676名 | 半導体集積回路（IO、マイコン、メモリー、トランジスター） |
| 90.1百万S$ | 松下電器　100% | 316名 | HDD |
| 5.0百万S$ | 松下電器　100% | 317名 | 生産技術者の訓練育成及び生産設備機器、金型、パナサートの製造 |
| 1.5百万S$ | 松下電器　100% | 74名 | 映像音声信号処理の研究及び<br>各種自動検査装置の開発 |
| 3.0百万S$ | 松下電器　100% | 15名 | 物流業務サービス |
| 314.4百万S$ | | 12,740名 | |

## ［マレーシア①］ 2003年9月1日現在

| 会 社 名 | 略称 | 所在地 | 設立日 | 代表者 |
|---|---|---|---|---|
| Matsushita Electric Co.,(M)Bhd.<br>マレーシア松下電器（株） | MELCOM | セランゴール州<br>シャーラム地区 | 1965年9月3日 | 会長：タンスリダトーアスマット<br>社長：阪部 俊彦 |
| Matsushita Industrial Corporation Sdn.Bhd.<br>マレーシア松下空調（株） | MAICO | セランゴール州<br>シャーラム地区 | 1972年4月8日 | 会長：タンスリダトーアスマット<br>社長：安田 収司 |
| Matsushita Compressor and Motor Sdn.Bhd.<br>マレーシア松下コンプレッサー・モータ（株） | MCM | セランゴール州<br>PJ地区 | 1987年1月15日 | 社長：清水 正弘 |
| Matsushita Electronic Components(M) Sdn.Bhd.<br>マレーシア松下電子部品（株） | MECOM | セランゴール州<br>スンガイウエイ地区 | 1972年12月14日 | 会長：タンスリダトーアスマット<br>社長：岸上 富廣 |
| Matsushita Electronic Devices(M) Sdn.Bhd.<br>マレーシア松下電子部材（株） | MEDEM | セランゴール州<br>シャーラム地区 | 1987年11月23日 | 社長：岸上 富廣 |
| Panasonic Communications(Malaysia) Sdn.Bhd.<br>パナソニックコミュニケーションズマレーシア（株） | PCM | ジョホール州 | 1978年9月30日 | 社長：菊池 伸一 |
| Panasonic AVC Networks Kuala Lumpur Malaysia Sdn.Bhd.<br>パナソニックAVCネットワークスクアラルンプールマレーシア（株） | PAVCKM | セランゴール州<br>シャーラム地区 | 1988年5月26日 | 会長：タンスリダトーアスマット<br>社長：丸尾 秀 |
| Matsushita Electronic Motor(Malaysia) Sdn.Bhd.<br>マレーシア松下モータ（株） | MAEM | ケダ州<br>スンガイペタニ地区 | 1990年1月30日 | 社長：岡田 孝行 |
| Matsushita Precision Capacitor(M) Sdn.Bhd.<br>マレーシア松下精密キャパシタ（株） | MAPREC | マラッカ州 | 1990年2月8日 | 社長：高橋 晴孝 |
| Matsushita Foundry Industries Sdn.Bhd.<br>マレーシア松下ファンドリー（株） | MFI | マラッカ州 | 1987年10月3日 | 社長：猪原 隆志 |
| Matsushita Refrigeration Industries(M) Sdn.Bhd.<br>マレーシア松下冷機（株） | MARIM | マラッカ州 | 1990年1月10日 | 社長：岩渕 光男 |
| Matsushita Display Devices Corporation(M) Sdn.Bhd.<br>マレーシア松下ディスプレイデバイス（株） | MDDM | セランゴール州<br>シャーラム地区 | 1990年10月9日 | 社長：前田 正一 |
| Panasonic AVC Networks Johor Malaysia Sdn.Bhd.<br>パナソニックAVCネットワークスジョホールマレーシア（株） | PAVCJM | ジョホール州<br>バセグダン地区 | 1990年12月21日 | 会長：タンスリダトーアスマット<br>社長：樋口 廣幸 |
| Panasonic Malaysia Sdn.Bhd.<br>パナソニックマレーシア（株） | PM | セランゴール州<br>PJ地区 | 1976年3月29日 | 会長：タンスリダトーアスマット<br>社長：友谷 二郎 |
| Panasonic Industrial Company(M) Sdn.Bhd.<br>パナソニックインダストリーマレーシア（株） | PICM | セランゴール州<br>PJ地区 | 1996年4月1日 | 会長：ダトー・サダシバン<br>社長：山内 隆司 |
| Panasonic System Engineering<br>パナソニックシステムエンジニアリング（株） | PSE | セランゴール州<br>シャーラム地区 | 1994年6月15日 | 社長：堀江 実 |

| 資本金 | 資本構成 | | 従業員 | 事業内容 |
|---|---|---|---|---|
| 35.7百万RM | 松下電器 | 43% | 2,008名 | 冷蔵庫、扇風機、天井扇、換気扇、アイロン、乾電池、炊飯器、ブレンダー、掃除機、洗濯機、ホームシャワー、ガスクッカー |
| 22.5百万RM | 松下電器 | 100% | 2,954名 | ルームエアコン |
| 100.0百万RM | 松下電器 | 100% | 2,778名 | エアコン用コンプレッサー、モーター |
| 40.0百万RM | 松下電器 | 100% | 2,825名 | 各種電子部品の製造（チューナー、スイッチ、リモコン、エンコーダー等） |
| 40.0百万RM | 松下電器 | 100% | 1,971名 | 各種電子部品の製造（角チップ抵抗器、アルミ電解コンデンサ、積層チップ、セラミックコンデンサ） |
| 70.0百万RM | 松下電器 | 100% | 2,151名 | フライバックトランス、ファックス、偏向ヨーク、磁器ヘッド、電話／情報機器関連部品、PBX子機、半導体用リードフレーム |
| 120.0百万RM | 松下電器 | 100% | 1,652名 | カラーテレビ、ディスプレイモニター、ビデオ内蔵型テレビ |
| 115.0百万RM | 松下電器 | 100% | 4,675名 | OA・AV機器用モーター |
| 30.0百万RM | 松下電器 | 100% | 820名 | フィルムコンデンサ |
| 20.0百万RM | シンガポール松下冷機 | 100% | 346名 | エアコン用コンプレッサーの精密鋳物部品 |
| 80.0百万RM | シンガポール松下冷機 | 100% | 1,086名 | 冷蔵庫用コンプレッサー及び電装品・部品 |
| 610.0百万RM | 松下東芝映像ディスプレイ | 100% | 1,999名 | カラーTVブラウン管の製造 |
| 60.0百万RM | 松下電器 | 100% | 3,878名 | VCR、VCP、ラジカセ、CDラジカセ、MDラジカセ、マイクロコンポ、電子楽器 |
| 31.9百万RM | 松下電器<br>MELCOM | 30%<br>40% | 416名 | MELCOM・MAV製品及び輸入品の販売 |
| 8.6百万RM | 松下電器 | 100% | 202名 | インダストリー商品、国内及び輸出販売、FA関連の販売及びサービス |
| 0.3百万RM | NPM | 100% | 42名 | AV機器、その他情報システム機器の直販サービス業務 |

## [マレーシア②] 2003年9月1日現在

| 会　社　名 | 略称 | 所在地 | 設立日 | 代表者 |
|---|---|---|---|---|
| Matsushita Air-Conditioning R&D Centre Sdn.Bhd.<br>マレーシア松下エアコンR&Dセンター（株） | MACRAD | セランゴール州<br>シャーラム地区 | 1991年6月27日 | 社長：安田 収司 |
| Matsushita Compressor & Motor R&D Centre Sdn.Bhd.<br>マレーシア松下コンプレッサー・モータR&Dセンター（株） | MACOMRAD | セランゴール州<br>シャーラム地区 | 1997年9月6日 | 社長：清水 正弘 |
| Matsushita Home Appliance R&D Centre(M) Sdn.Bhd.<br>マレーシア松下電化機器R&Dセンター（株） | MAHARAD | セランゴール州<br>シャーラム地区 | 2000年4月1日 | 社長：嶋田 定廣 |
| Panasonic Financial Centre(Malaysia) Sdn.Bhd.<br>パナソニックファイナンシャルセンターマレーシア（株） | PFI（KL） | セランゴール州<br>PJ地区 | 1998年6月1日 | 社長：田中 卓志 |
| Panasonic Trading Malaysia Sdn.Bhd.<br>パナソニックトレーディングマレーシア（株） | PTM | セランゴール州<br>PJ地区 | 2002年11月1日 | 会長：ダトー・サダシバン<br>社長：石田 道雄 |
| 合　計 | | | | |

| 資本金 | 資本構成 | | 従業員 | 事業内容 |
|---|---|---|---|---|
| 30.0百万RM | 松下電器 | 100% | 83名 | エアコンの設計・開発 |
| 10.0百万RM | 松下電器 | 100% | 43名 | 空調用コンプレッサー及びコンプレッサーモーターの設計・開発 |
| 16.7百万RM | 松下電器 | 100% | 44名 | アジア海外会社における洗濯機・製品開発（以降電化の品目も随時開発） |
| 2.0百万RM | 松下電器 | 100% | 5名 | マレーシアにおける事業推進の財務助成 |
| 5.0百万RM | MA | 100% | 80名 | 物流業務サービス、資材輸出入調達 |
| 14.5億RM | | | 30,058名 | |

## [タイ] 2003年9月1日現在

| 会社名 | 略称 | 所在地 | 設立日 | 代表者 |
|---|---|---|---|---|
| National Thai Co.,Ltd.<br>ナショナル・タイ(株) | NTC | サムットプラカーン県<br>バンプリー地区 | 1961年12月20日 | 会長:メバディナババン<br>社長:小県 修平 |
| Matsushita Electronic Components (Thailand) Co.,Ltd.<br>タイ松下電子部品(株) | TCOM | サムットプラカーン県<br>バンプリー地区 | 1996年5月9日 | 社長:岩瀬 彰男 |
| Panasonic Automotive Systems (Thailand) Co.,Ltd.<br>パナソニックASタイ(株) | PASTH | サムットプラカーン県<br>バンプリー地区 | 1996年6月18日 | 社長:小林 幹雄 |
| Matsushita Battery (Thailand) Co.,Ltd.<br>タイ松下電池(株) | TMB | サムットプラカーン県<br>サムローン地区 | 1996年12月11日 | 社長:黒河 満 |
| Matsushita Seiko (Thailand) Co.,Ltd.<br>タイ松下精工(株) | THAMS | サムットプラカーン県<br>バンプリー地区 | 1996年12月26日 | 社長:新美 博章 |
| Panasonic Communications (Thailand) Co.,Ltd.<br>パナソニックコミュニケーションズタイ(株) | PCCT | サムットプラカーン県<br>バンプリー地区 | 1997年7月31日 | 社長:安武 健治 |
| Matsushita Industrial Equipment (Thailand) Co.,Ltd.<br>タイ松下産業機器(株) | MIECOT | サムットプラカーン県<br>バンプリー地区 | 1997年10月24日 | 社長:河原 光顕 |
| Panasonic AVC Networks (Thailand) Co.,Ltd.<br>タイ松下AVC(株) | TAVC | サムットプラカーン県<br>バンプリー地区 | 1998年6月23日 | 社長:早瀬 昭彦 |
| Matsushita Technology (Thailand) Co.,Ltd.<br>タイ松下テクノロジー(株) | TMTEC | サムットプラカーン県<br>バンプリー地区 | 1998年1月26日 | 社長:大出水 和幸 |
| Matsushita Home Appliance (Thailand) Co.,Ltd.<br>タイ松下電化機器(株) | MAT | チャチュンサオ県<br>ウェルグロー工業団地 | 2001年4月1日 | 社長:高橋 功吉 |
| Matsushita Reiki Refrigerator (Thailand) Co.,Ltd.<br>タイ松下冷機冷蔵庫(株) | MARRET | チャチュンサオ県<br>ウェルグロー工業団地 | 2001年4月1日 | 社長:松村 紀男 |
| Matsushita Refrigeration Company (Thailand) Ltd.<br>タイ松下冷機(株) | MARCOT | パトムタニ県<br>ナワナコン工業団地 | 1988年6月8日 | 社長:松村 紀男 |
| Siew-National Co.,Ltd.<br>シュー・ナショナル(株) | SN | バンコク都<br>カンナヤオ区 | 1970年4月20日 | 会長:メバディナババン<br>社長:小県 修平 |
| A.P.National Sales Co.,Ltd.<br>A.P.ナショナル販売(株) | APNS | サムットプラカーン県<br>バンチャロン(バンナートラート道路17km地点) | 1984年9月28日 | 会長:プラポット・アピプンヤ<br>社長:橋本 卓 |
| Panasonic Industrial (Thailand) Ltd.<br>パナソニックインダストリータイ(株) | PICT | バンコク都<br>ワアイクワン区 | 1997年4月23日 | 会長:ラリダ・カンチャナチャリ<br>社長:高橋 直人 |
| 合計 | | | | |

| 資本金 | 資本構成 | 従業員 | 事業内容 |
|---|---|---|---|
| 220百万B | 松下電器 48.65% | 76名 | 持株会社 |
| 900百万B | 松下電器 60%<br>NTC 40% | 916名 | プリント基板、チューナー、スピーカー、スイッチ<br>その他電子部品 |
| 143百万B | 松下電器 60%<br>NTC 40% | 737名 | カーオーディオ |
| 704百万B | 松下電器 60%<br>NTC 40% | 550名 | 乾電池、カーバッテリー、トーチライト |
| 250百万B | 松下電器 60%<br>NTC 40% | 220名 | 扇風機、換気扇、送風機 |
| 150百万B | 松下電器 60%<br>NTC 40% | 378名 | FBT、DY、ファンモータ |
| 80百万B | 松下電器 60%<br>NTC 40% | 219名 | コンデンサ |
| 300百万B | 松下電器 60%<br>NTC 40% | 345名 | TV |
| 50百万B | NTC 100% | 150名 | 樹脂成型部品、メタルプレス部品<br>金型、治工具、製造設備の設計製作 |
| 492百万B | 松下電器 100% | 837名 | 洗濯機、炊飯器、ジャーポット<br>電気レストワレ |
| 280百万B | 松下電器 40% | 293名 | 冷蔵庫 |
| 280百万B | 松下電器 100% | 775名 | 冷凍・空調用熱交換器及びサーモスタット、<br>ラジアントヒータ、自販機用ベンドメカ |
| 120百万B | 松下電器 49% | 542名 | 現地製品：TV、乾電池<br>輸入品：AV、特機、電池商品 |
| 30百万B | 松下電器 49% | 199名 | MAT製品、MARRET製品、THAMS<br>製品：扇風機、換気扇<br>輸入品：電化商品、電工商品 |
| 75百万B | 松下電器 49%<br>NTC 51% | 103名 | インダストリー商品の国内販売、<br>FA関連製品の販売及びサービス |
| 41億B | | 6,340名 | |

## [フィリピン] 2003年10月1日現在

| 会 社 名 | 略称 | 所在地 | 設立日 | 代表者 |
|---|---|---|---|---|
| Matsusita Electric Philippines Corporation<br>フィリピン松下電器（株） | MEPCO | マニラ市<br>タイタイ地区 | 1967年9月14日 | 社長：窪田　幸治 |
| National Panasonic Sales Philippines<br>パナソニック　フィリピン社 | PPH | マニラ市<br>タイタイ地区 | 1998年4月1日 | 社長：R.ペレス |
| Panasonic Battery Philippines<br>パナソニックバッテリー　フィリピン社 | PBP | マニラ市<br>タイタイ地区 | 2002年4月1日 | 社長：R.ペレス |
| Panasonic Industrial Sales Philippines<br>(Division of MEPCO)<br>パナソニック　インダストリー　フィリピン（株） | PISP | ラグナ州<br>サンタ・ロサ地区 | 2001年1月1日 | 社長：天谷　俊一 |
| Panasonic Mobile Communications<br>Corporation of the Philippines<br>パナソニックMCフィリピン（株） | PMCP | ラグナ州<br>サンタ・ロサ地区 | 1988年4月1日 | 社長：R.リコ |
| Panasonic Communications Imaging<br>Corporation of the Philippines<br>パナソニックコ　ミュニケーションズ イメージング　フィリピン（株） | PCIP | ラグナ州カランバ<br>カーメルレイ工業団地 | 1995年10月1日 | 社長：中村　誠 |
| Panasonic Communications<br>Corporation of the Philippines<br>パナソニック　コミュニケーションズ　フィリピン（株） | PCP | ラグナ州カランバ<br>カーメルレイ工業団地 | 2000年8月30日 | 社長：西村　博 |
| 合　計 | | | | |

| 資本金 | 資本構成 | 従業員 | 事業内容 |
|---|---|---|---|
| 422.7百万P | 松下電器 80% | 1,713名 | カラーTV、洗濯機、冷蔵庫、扇風機、エアコン、電気コンロ、アイロン、オーブントースター、乾電池、部品の製造・販売及び輸入販売（ビデオ、電子レンジ他） |
| — | — | 292名 | リビング、システム商品の販売 |
| — | — | | 乾電池、乾電池応用商品の製造・販売 |
| — | — | 38名 | インダストリー商品の販売 |
| 728.0百万P | 松下電器G 95%<br>MEPCO 5% | 1,514名 | FDD、ECM、ECMパーツ、CCTV用カメラ、CCTVモニター、シーケンシャルスイッチャー、ハンドフリーマイクロフォン、GSM |
| 150.0百万P | 松下電器 95%<br>MEPCO 5% | 299名 | アナログ／デジタル複写機、MFP、LSU、オプションパーツ、アッセンブリーユニット、ファクシミリ装置生産販売 |
| 500.0百万P | 松下電器 95%<br>MEPCO 5% | 193名 | 光ディスク関連（CD-R/RW及びDVDコンポのピックアップ及びドライブ）の生産・販売 |
| 18.0億P | | 3,719名 | |

## [インドネシア] 2003年10月1日現在

| 会　社　名 | 略称 | 所在地 | 設立日 | 代表者 |
|---|---|---|---|---|
| PT. National Gobel<br>ナショナル・ゴーベル（株） | NABEL | ジャカルタ近郊<br>ガンダリア地区 | 1970年7月27日 | 社長：堀川　修二 |
| PT.Matsushita Gobel Battery Industry<br>インドネシア松下・ゴーベル電池（株） | MGBI | ジャカルタ近郊<br>ゴーベル工業団地 | 1987年1月23日 | 社長：石本　和夫 |
| PT.Matsushita Kotobuki Electronics Industries Indonesia<br>インドネシア松下寿電子工業（株） | MKI | ジャカルタ近郊<br>ブカシ市 | 1991年5月20日 | 社長：渡部　啓悟 |
| PT.Panasonic Gobel Electronic Components<br>インドネシア松下・ゴーベル電子部品（株） | PGCOM | ジャカルタ近郊<br>ゴーベル工業団地 | 1993年7月7日 | 社長：宇都宮良一 |
| PT.Matsushita Semiconductor Indonesia<br>インドネシア松下半導体（株） | MSI | ジャカルタ近郊<br>ブカシ市 | 1996年3月1日 | 社長：福富　毅 |
| PT.Matsushita Lighting Indonesia<br>インドネシア松下照明（株） | MLI | スラバヤ | 1996年9月16日 | 社長：三川　勝之 |
| PT.Batam Matsusita Battery<br>バタム松下電池（株） | BMB | バタム | 1992年11月30日 | 社長：廣本　久 |
| PT.Matsushita Kotobuki Electronics Peripherals Indonesia<br>インドネシア松下寿電子ペリフェラルズ（株） | MKPI | バタム | 1998年12月28日 | 社長：崎岡　博人 |
| PT.Matsushita Electronic Components(Batam)<br>バタム松下電子部品（株） | SINCOM-BT | バタム | 1995年10月19日 | 社長：森本　嘉郎 |
| PT.National Panasonic Gobel<br>ナショナル・パナソニック・ゴーベル（株） | NPG | ジャカルタ市内<br>チャワン地区 | 1991年5月3日 | 社長：ラフマット・ゴーベル |
| 合　計 | | | | |

| 資本金 | 資本構成 | | 従業員 | 事業内容 |
| --- | --- | --- | --- | --- |
| 23百万US$ | 松下電器 | 60% | 3,072名 | ラジオ、ラジカセ、ステレオ、カーステレオ、冷蔵庫、エアコン、洗濯機、扇風機、換気扇、アイロン、ポンプ、スピーカーボックス、パンツプレス |
| 20百万US$ | 松下電器 | 95% | 1,078名 | 乾電池、応用機器、コイン型リチウム電池 |
| 29.69百万US$ | 松下電器 | 95% | 6,156名 | VTR、DVD/ビデオ内蔵TV、VHS-Cビデオカメラ、DVD-ROM&CD-RW、コンビネーションドライブの製造 |
| 25百万US$ | 松下電器 | 86% | 4,556名 | 各種電子部品の製造(スピーカ、セラミック部品、トランス、コイル) |
| 60百万US$ | 松下電器 | 100% | 298名 | マイコン、IC(組立) |
| 50百万US$ | 松下電器 | 100% | 1,020名 | パルックボール、直管蛍光灯、丸型蛍光灯(検討中)、ランプ用ガラス管、パルックボール用プリント基板の組立加工 |
| 10百万US$ | 松下電器 | 100% | 547名 | ニカド電池、太陽電池 |
| 45百万US$ | シンガポール松下寿電子工業 | 100% | 3,018名 | HDD用流体軸受けモーター、小型HDDの組み立て |
| 15百万US$ | シンガポール松下電子部品 | 100% | 4,976名 | 各種電子部品の製造(固定抵抗、スピーカ、トランス、コイル、リモコン、電源、SPC) |
| 4.135百万US$ | NABEL<br>MGBI | 55%<br>5% | 563名 | NABEL製品、MGBI製品、輸入リビング商品(MET&GOBELより買い入れ) |
| | | | 25,284名 | |

## [オーストラリア] 2003年9月1日現在

| 会　社　名 | 略称 | 所在地 | 設立日 | 代表者 |
|---|---|---|---|---|
| Panasonic AVC Networks Australia Pty.Ltd.<br>パナソニックAVCネットワークスオーストラリア（株） | PAVCAU | ニューサウスウェールズ州 | 1968年2月23日 | 社長：阪口　員一 |
| Panasonic Australia Pty.Ltd.<br>パナソニックオーストラリア（株） | PA | ニューサウスウェールズ州 | 1978年7月1日 | 社長：エドワード・ヒューズ |
| 合　計 | | | | |

## [ニュージーランド]

| 会　社　名 | 略称 | 所在地 | 設立日 | 代表者 |
|---|---|---|---|---|
| Panasonic New Zealand Ltd.<br>パナソニックニュージーランド（株） | PNZ | オークランド | 1998年10月1日 | 社長：グラハム・ボックス |
| 合　計 | | | | |

## [ベトナム]

| 会　社　名 | 略称 | 所在地 | 設立日 | 代表者 |
|---|---|---|---|---|
| Panasonic AVC Networks Vietnam Co.,Ltd.<br>パナソニックAVCネットワークスベトナム（有） | PAVCV | ホーチミン市第9地区 | 1996年11月1日 | 会長：ヴォ・ダン・トアン<br>社長：藤井　孝男 |
| Matsushita Home Appliances Vietnam Co.,Ltd.<br>ベトナム松下ホームアプライアンス（有） | MHAV | ハノイ市タンロン工業団地 | 2003年6月16日 | 社長：岡田　満 |
| 合　計 | | | | |

| 資本金 | 資本構成 | 従業員 | 事業内容 |
|---|---|---|---|
| 2.5百万A$ | 松下電器 100% | 163名 | カラーテレビの製造 |
| 13.5百万A$ | 松下電器 100% | 428名 | 市販、システムその他商品販売 |
| 16百万A$ | | 591名 | |

| 資本金 | 資本構成 | 従業員 | 事業内容 |
|---|---|---|---|
| 10百万NZ$ | PA 100% | 94名 | 市販、システムその他商品販売 |
| 10百万NZ$ | | 94名 | |

| 資本金 | 資本構成 | 従業員 | 事業内容 |
|---|---|---|---|
| 283万US$ | 松下電器 60% | 217名 | カラーテレビ、(オーディオ)の製造・販売 |
| 750万US$ | 松下電器 60% | 49名 | 冷蔵庫、洗濯機、ガステーブルの製造・販売 |
| 1,033万US$ | | 266名 | |

## [インド] 2003年9月1日現在

| 会　社　名 | 略称 | 所在地 | 設立日 | 代表者 |
|---|---|---|---|---|
| Indo National Ltd.<br>インドナショナル(株) | INNCO | タミール・ナドド州<br>チェンナイ市 | 1972年7月15日 | 社長：P.オブル・レディ |
| Matsushita Lakhanpal Battery India Ltd.<br>インド松下・ラカンパル電池(株) | MLBI | グジャラート州<br>バローダ市 | 1972年5月24日 | 会長：アジャイ・ラカンパル<br>社長：外園　康二 |
| Indo Matsushita Carbon Co.,Ltd.<br>インド松下カーボン(株) | IMCC | タミール・ナドド州<br>チェンナイ市 | 1982年9月6日 | 社長：細川　清 |
| Indo Matsushita Appliances Co.,Ltd.<br>インド松下電化機器(株) | IMACO | タミール・ナドド州<br>チェンナイ市 | 1988年9月9日 | 社長：麻生　英範 |
| National Panasonic India Pvt.Ltd.<br>インド松下電器(株) | NPI | ウッタル・プラデッシュ州<br>ノイダ市 | 1994年8月30日 | 社長：池崎　正明 |
| Matsushita Television & Audio India Ltd.<br>インド松下テレビ・オーディオ(株) | MTAIC | ウッタル・プラデッシュ州<br>ノイダ市 | 1996年4月1日 | 社長：荻島　和男 |
| Matsushita Washing Machine India Pvt.Ltd.<br>インド松下洗濯機(株) | MWI | マハラシュトラ州<br>プーネ市 | 1997年8月14日 | 社長：田宮　和一 |
| Matsushita Air-conditioning India Pvt.Ltd.<br>インド松下エアコン(株) | MAI | タミール・ナドド州<br>チェンナイ市 | 1997年6月5日 | 会長：木元　哲 |
| 合　計 | | | | |

| 資本金 | 資本構成 | | 従業員 | 事業内容 |
|---|---|---|---|---|
| 37.5百万Rs | 松下電器 | 40% | 677名 | 乾電池、電池応用商品(買い入れ) |
| 75.0百万Rs | 松下電器 | 51% | 911名 | 乾電池、電池応用商品 |
| 48.0百万Rs | 松下電器 | 51% | 328名 | 炭素棒 |
| 85.7百万Rs | 松下電器 | 51% | 217名 | 電気炊飯器、ミキサー |
| 1,150.0百万Rs | 松下電器 | 100% | 224名 | 家電商品(カラーテレビ、オーディオ、洗濯機)の販売、システム商品の販売及びサービス |
| 890.0百万Rs | 松下電器 | 55% | 339名 | カラーテレビ、オーディオ |
| 600.0百万Rs | 松下電器 | 70% | 220名 | 洗濯機 |
| 1,075.0百万Rs | 松下電器 | 100% | 75名 | ルームエアコン |
| 39.6億Rs | | | 2,991名 | |